AF501725

Je sertifie que cette exemplaire ei
conforme a tous le tirage Cana

SÉMÉIOLOGIE MUSICALE

OU

Exposé succinct et raisonné

des

Principes élémentaires

DE LA

MUSIQUE

suivie d'un Vocabulaire des termes musicals les plus usités

PAR

J. ADRIEN DE LA FAGE.

Prix : 12 f.

Paris

chez MM.rs NICOU-CHORON et CANAUX au Magasin de Musique d'Église
et d'Éducation Musicale, Rue des fossés montmartre 21.

1841

Nicou-Choron et Canaux

A

L'IMPÉRISSABLE

MÉMOIRE

D'ALEXANDRE ETIENNE CHORON,

AU

SOUVENIR DE L'HOMME

à l'âme si noble, au cœur si bon,

DE

L'ARTISTE

à l'esprit si brillant, à la science si vraie;

dont les longs travaux ont tant contribué aux progrès

DE LA

MUSIQUE

EN

FRANCE.

AU LECTEUR.

Cet avertissement, Lecteur, n'a d'autre objet que de t'exposer en peu de paroles le but de l'ouvrage que je soumets aujourdhui à ton jugement et les circonstances qui en ont occasionné la composition et par suite la publication.

Il y a déja plusieurs années que j'avais commencé à rédiger pour l'usage de mes élèves des Principes de musique que je me proposais de placer en tête d'un solfège dont les premières planches sont gravées depuis longtems, mais dont j'ai jugé convenable quant à présent de suspendre la mise en lumière. Ayant provisoirement abandonné ce travail, j'avais pour ainsi dire perdu de vue les Notions élémentaires qui en fesaient partie lorsque mon ami et camarade Nicol-Choron vint me trouver il y a environ un an et me dit, qu'aux traités élémentaires dont il est l'éditeur, il voulait ajouter un livre de Principes; il lui fallait, me disait-il, un ouvrage dans lequel les Elémens de la musique fussent présentés avec ordre, clarté et simplicité et pourtant avec un développement suffisant; il voulait quelque chose qui put tenir lieu du travail que M. Choron son beau-père et notre maître à tout deux, devait placer en tête de ses Méthodes de musique (1) et dont la rédaction était toujours restée en projet. C'était à moi qu'il s'addressait, d'abord parceque M. Choron, m'ayant désigné lui même pour son continuateur, cette besogne me revenait de droit, ensuite parcequ'il savait que je m'étais déja oc-

(1) *Méthode concertante de musique* à plusieurs parties d'une difficulté graduelle, qui peuvent s'exécuter ensemble ou séparément avec basse continue *ad libitum*, à l'aide de la quelle un seul professeur peut instruire simultanément un nombre quelconque d'élèves, quelque soit le degré d'avancement de chacun d'eux.
Nouvelle édition, prix 24. fr.

Méthode élémentaire de musique à trois parties, à l'usage des pensionnats, maisons d'éducation de l'un et l'autre sexe, de séminaires et des écoles primaires.
Nouvelle édition, prix 7 fr. 50 c.

cupé de cette matière et que mon ouvrage, à défaut d'autre mérite aurait du moins celui d'être consciencieux, ce qui n'est pas toujours le propre de beaucoup de livres imprimés en ces tems-ci. Il ajoutait encore beaucoup d'autres raisons qu'il est inutile de reproduire.

Ce sera toi, Lecteur, qui jugeras si toutes ces raisons étaient bonnes et si le propriétaire du magasin de musique religieuse n'aurait pas mieux fait de frapper à une autre porte qu'à la mienne.

Quoi qu'il en soit, je repris l'ancien travâil par moi ébauché et dont je parlais il y a un instant; je le revis, le completai, et au bout de quelque tems je livrai le manuscrit. Par suite de circonstances qu'il est inutile d'exposer, les travaux de la gravure ont été fort longs, malgré tout ce qu'ont pu faire à cet égard et l'auteur et les éditeurs. Toutefois ces retards n'ont pas été sans profit pour l'ouvrage en ce qu'ils m'ont donné la facilité d'y introduire quelques améliorations.

Tu reconnaitras, si tu parcours ce livre, que j'ai cherché à le rédiger avec méthode et à en bien agencer les diverses parties; tu décideras si j'ai réussi. Je crois avoir exposé avec les détails convenables tout ce qui concerne la notation de la musique et avoir, chemin fesant, touché quelques points de théorie assez importans. Tu verras dans l'introduction de l'ouvrage, comment j'ai divisé et réparti les matières.

J'ai eu soin de mettre le texte en rapport avec les exemples contenus dans les deux Méthodes de M. CHORON; mais les principes que j'émets peuvent recevoir leur application au moyen de tous les autres recueils connus sous le nom de Solfèges. Ainsi que j'ai eu occasion de le dire dans le dernier chapitre de la Séméiologie, tous les ouvrages de ce genre me paraissent bons en ce sens qu'ils offrent des suites d'exercices élémentaires dans lesquels les circonstances et accidens de l'exécution sont prévus.

On remarquera que pour exemples de chacune des diverses mesures j'ai donné des phrases initiales d'airs connus dans lesquelles le rhythme est fortement accentué; je me suis convaincu par expérience que cette méthode offrait l'avantage précieux pour les élèves de graver en leur esprit un type qui put pour toujours servir de point de comparaison.

C'est dans le même but que j'ai placé à la fin de chaque chapitre un résumé de son contenu et que j'ai donné des Tableaux synoptiques toutes les fois que la chose a paru nécessaire.

A la fin du livre j'ai placé un Vocabulaire dans le quel se trouvent expliqués les termes de l'art les plus usités. J'aurais désiré pouvoir lui donner plus d'étendue, mais j'ai du me renfermer dans d'étroites limites pour ne pas augmenter plus que de raison l'épaisseur et le prix du volume. Tel qu'il est, je pense que ce vocabulaire pourra être consulté avec fruit non seulement par les étudians en musique, mais aussi par ceux qui veulent parler de cet art en termes convenables; en sorte que l'avocat qui aura pris la peine de l'ouvrir ne dira plus, en plaidant une affaire musicale, qu'il importe peu que M. *** soit professeur de fugue ou de tout autre instrument, comme la chose est arrivée il n'y a pas longtems à l'une des célébrités du barreau de Paris.

Voilà, Lecteur, tout ce que je voulais te dire relativement à l'ouvrage qui va passer sous tes yeux et qui dès lors est à toi; il ne me reste qu'à te prier d'en commencer la lecture avec cette disposition bienveuillante que mérite toute œuvre de conscience entreprise dans un but d'utilité.

N. B. Dans tout le cours de cet ouvrage les chiffres entre parenthèse renvoient au numéro ou paragraphe qui s'y trouve indiqué et non à la page du livre.

SÉMEIOLOGIE MUSICALE,

OU

EXPOSÉ DES PRINCIPES ÉLÉMENTAIRES

De la

MUSIQUE.

NOTIONS PRÉLIMINAIRES.

1. La Musique est un art qui a pour but d'émouvoir notre sensibilité au moyen de sons méthodiquement combinés.

Le son est donc l'élément constitutif de la musique: le physicien considère le son dans son origine, sa nature, ses effets sur les corps animés ou inanimés; il s'occupe de tous les sons appréciables quelque en soit le résultat; il calcule les rapports des sons entr'eux, compte les vibrations des cordes, condense ou raréfie l'air atmosphérique autour du corps sonore etc. Ces diverses opérations sont l'objet de la partie de la physique appelée *Acoustique*

Le musicien ne considère pas le son d'une manière aussi absolue; il s'empare seulement d'un certain nombre de sons qui lui conviennent et met en œuvre ces matériaux d'après les inspirations du sentiment et les lois de l'expérience.

2. Tous les sons ne sont pas du domaine de la musique

et, eu égard à tous ceux qui existent dans la nature notre art n'en observe et n'en adopte qu'un assez petit nombre. Ainsi la musique rejete de prime abord tous les sons qui n'ont pas assez de permanence pour être facilement saisis par l'oreille; ces sons mis au rebut son appelés sons [illegible]*tionnels* ou *bruit*; ceux que la musique s'appropr[illegible] confie au génie de l'artiste se nomment sons *rati[illegible]nels* ou *musicals*.

3. Ces derniers se distinguent aisément des autres en ce que la voix humaine les reproduit sans effort tels que l'oreille les a percus; une corde tendue, un tube, une cloche fournissent évidemment des sons *musicals* dont la voix peut donner une idée exacte quant au degré d'abaissement ou d'élévation; tandisqu'il en est tout autrement du son d'une arme à feu ou de celui qui nait du choc d'un maillet sur un corps peu élastique, lesquels ne peuvent se reproduire que par la réitération de l'acte qui les a causés. Ces sons ne sont en conséquence que du *bruit*.

4. Les opérations que le musicien exécute sur le son peuvent se ranger en trois classes:

(*a*) *Notation* de la musique ou art de représenter aux yeux et à l'intelligence les sons musicals et par conséquent les pensées, que constitue l'assemblage de ces sons.

C'est l'objet du présent exposé que nous avons en conséquence intitulé SÉMÉIOLOGIE MUSICALE, c'est-à-dire *Traité des signes de la musique*.

(*b*) *Exécution* naturelle et artificielle, autrement musique vocale et instrumentale; la première ayant pour but l'expression des sons musicaux susceptibles d'être produits par les voix humaines, masculines ou féminines, la seconde la production des sons artificiels obtenus au moyen des trois classes d'instrumens ou corps sonores perfectionnés, savoir: instrumens à vent, instrumens à cordes et instrumens de percussion.

(c) *Composition*, art de former un assemblage de sons significatif et expressif. Cette partie qui constitue véritablement la science du musicien consiste dans ce qu'elle a de mécanique à combiner les sons quant à leur assemblage successif d'où la *Mélodie*; quant à leur assemblage simultané d'où l'*Harmonie*, l'*Accompagnement*, le *Contrepoint simple* le *Contrepoint complexe* etc.

5. Les modifications dont tout son musical est susceptible sont infinies: ces modifications donnent à la musique un charme toujours nouveau, une variété toujours plus agréable: il serait impossible de caractériser toutes ces modifications, ces *manières d'être* du son; les impressions qu'elles causent en nous, bien que fort sensibles, sont singulièrement fugitives, mais les principales peuvent être parfaitement déterminées: nous désignerons, seulement les quatre premières qui existent à un degré quelconque dans toute pièce d'exécution quelqu'en soit le genre.

(a) Le *ton*, première modification du son musical, est la différence du grave à l'aigu ou du bas à l'élevé.

(b) La *durée* est la modification du bref au long dans la prolongation du son.

(*c*) Le *timbre* est la modification de l'aigre au doux, du sec au moëlleux, du sourd à l'éclatant, ces trois modifications rangées en une seule classe laissent une latitude immense.

(*d*) L'*intensité* est la modification du fort au faible.

6. D'après ce que nous venons de dire, on comprend que les signes qui servent à représenter les sons de la musique peuvent être rangés en trois sections:

(*a*) Signes de tonalité,

(*b*) Signes de durée,

(*c*) Signes destinés à indiquer diverses modifications accidentelles du son.

Enfin l'on peut placer dans une quatrième section certains signes conventionnels qui évitent au musicien la peine de marquer au long sur ses ouvrages des intentions qui se répresentent souvent et que pour abréger l'on exprime par des caractères convenus.

Ces quatre sections formeront la division naturelle de notre SEMEIOLOGIE MUSICALE. (*)

(*) Le mot Sémeiologie vient des deux mots grecs Semeion, signe et logos discours; il signifie, comme nous l'avons dit (4) Traité des signes de la musique. Nous aurions mieux aimé écrire Sémiologie qui aurait été plus doux et plus agréable; mais nous avons du nous conformer à l'usage qui a fait adopter Sémeiotechnie, art des signes et Sémeiographie, écriture des signes.

PREMIÈRE SECTION.

SIGNES D'INTONATION.

CHAPITRE PREMIER.

Des sept notes constitutives de la musique.

7. A l'audition d'une pièce de musique quelconque chantée par une voix ou exécutée par un instrument, il est impossible, à moins d'avoir l'oreille excessivement fausse, de ne pas s'appercevoir que, parmi les tons qui constituent le morceau, il en est de plus bas et de plus élevés; les premiers s'appelent en musique tons *graves* et les seconds tons *aigus*.

Pour distinguer les uns des autres on leur a donné des noms qui rappelent facilement à notre mémoire la position respective de chacun d'eux.

8. Si l'on eût voulu donner des noms particuliers à tous les tons qu'emploie la musique, ce catalogue aurait été fort étendu et par conséquent difficile à retenir: on a donc remarqué que la succession des tons de la musique se représentant par séries ou progressions de sept tons qui vont se reproduisant continuellement et que l'on peut prolonger indéfiniment tant au grave qu'à l'aigu, il suffisait de dénommer les sept tons d'une de ces progressions et ensuite d'appliquer la même appellation à toutes les autres.

9. Les noms donnés aux sept tons de la série sont

UT ou DO, RE, MI, FA, SOL, LA, SI.

Cette progression s'étend à volonté au grave et à l'aigu.

Etc.
ut
si
la
sol
fa
mi
re

UT ou DO RE MI FA SOL LA SI *ut*

si
la
sol
fa
mi
re
ut
etc.

La première note prend indifféremment le nom d'*ut* ou celui de *do* ce dernier nom a été adopté par euphonie comme moins sourd que la syllabe *ut* qui en Italien se prononce *out*.

10. Lorsqu'après avoir produit au moyen de la voix ou d'un instrument les sept tons dont la dénomination fixe sert de base à tout le système, on ajoute le premier ton d'une nouvelle série de ces sept tons, il en résulte un assemblage de huit tons qui constitue une formule appelée *gamme* ou *échelle*. A ce type peuvent se rapporter, se comparer tous les chants ou airs modernes, toutes les combinaisons que peut engendrer l'imagination du compositeur.

Cette formule musicale si importante n'est elle-même autre chose qu'un *chant*, qu'un *air* extrêmement simple que la voix la moins exercée reproduit aisément. L'oreille y distingue sans effort cette différence entre les tons dont nous parlions il y a un instant (7). Elle reconnait tout d'abord que, dans les huit tons qui sont l'essence de cette formule chacun diffère de celui qui l'avoisine quant au degré du ton. S'il était besoin de s'en convaincre par une expérience qui ne peut laisser aucun doute, il suffirait de prier quelqu'un de chanter le ton *ut* et de le maintenir tandisque l'on exprimerait le *ré*, le *mi* ou tout autre ton que l'ut ; en revenant à celui-ci on reconnaitrait que la voix s'est écartée à un degré plus ou moins considérable du ton primitivement émis ; et l'on en conclurait que les tons de la gamme sont séparés entr'eux par des distances susceptibles d'être déterminées.

11. Avec un peu d'attention nous parviendrons sans peine à mesurer ces distances qui séparent les tons de la gamme ou échelle. Pour entonner la seconde note après avoir énoncé la première, autrement pour aller de l'*ut* au *ré* la voix parcourt une distance: elle parcourt une autre fois la même distance si du *ré* elle veut arriver au *mi*, mais de cette dernière note jusqu'au *fa*, elle ne parcourt plus qu'une distance que dans la pratique, on considère comme étant moitié de la précédente, quoiqu'elle n'en soit que environ les quatre neuvièmes. En continuant l'examen de notre gamme, on verra que du *fa* au *sol*, du *sol* au *la* et du *la* au *si*, autrement du quatrième au cinquième dégré, du cinquième au sixième et de celui ci au septième, la voix parcourt des distances qui toutes ressemblent aux deux premières, savoir à celle qui sépare l'*ut* du *ré* et le *ré* du *mi*. Si ensuite l'on examine le saut que fait la voix en passant du septième au huitième degré, c'est à dire du *si* à l'*ut*, premier ton d'une nouvelle progression, on trouvera que ce saut est semblable à celui qui sépare *mi*, troisième note de l'échelle, du *fa* qui en est le quatrième degré.

12. L'inspection de la figure ci contre rendra cette démonstration accessible à toutes les intelligences. (★) Elle offre l'aspect d'un escalier, les deux premières marches sont d'une hauteur semblable et la troisième n'est que la moitié de celles ci: les marches suivantes jusqu'à la septième exclusivement sont semblables à la première et à la

(★) Cette figure aussi simple qu'ingénieuse est de l'invention de M. Bocquillon-Wilhem, à qui l'on doit l'application de la méthode d'enseignement mutuel à la musique. Cet habile professeur a vaincu avec bonheur des difficultés qui avaient d'abord paru insurmontables. Ses travaux ont été couronnés d'un plein succès et la France lui devra d'avoir puissamment contribué à populariser la musique, à en inspirer le gout et à en répandre dans toutes les classes les notions les plus essentielles.

seconde, la septième est semblable à la troisième. De même la voix monte en chantant la gamme un véritable escalier dont deux marches, savoir celle qui mène du troisième au quatrième dégré et celle qui conduit du septième au huitième, sont de moitié moins élevées que les autres.

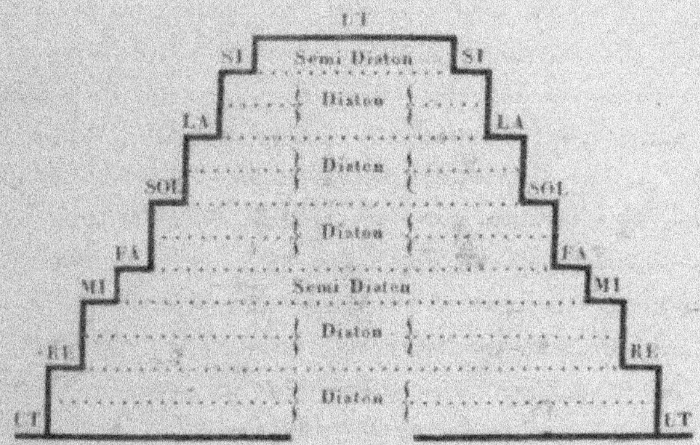

13. La distance parcourue par la voix lorsqu'elle forme l'un après l'autre les dégrés de l'échelle prend le nom de *ton* ou plus exactement *diaton* lorsque la voix saute du premier au second dégré, du second au troisième, du quatrième au cinquième, du cinquième au sixième et du sixième au septième. Lorsque la voix saute du troisième au quatrième dégré ou du septième au huitième, elle parcourt la distance d'un *demi-ton* ou plus exactement d'un *semidiaton* (★) comme on va le voir.

(★) Nous nous servirons toujours des termes **diaton** et **semi-diaton** qui présentent une idée précise et évitent toute confusion. Le mot **ton** ainsi que nous l'avons dit (5) indique la première et la plus importante modification du son, celle qui établit entre deux ou un plus grand nombre de sons la différence du grave à l'aigu et fixe par conséquent le **lieu**, la **position** où se trouve un son par rapport à un autre son qui l'a précédé ou qui doit le suivre. C'est dans ce sens que

Diaton	Diaton	Semi diaton	Diaton	Diaton	Diaton	Semi diaton

UT ..... RE ..... MI ..... FA .... SOL ..... LA ..... SI ..... UT

1.er Degré 2.me ..... 3.me ..... 4.me ..... 5.me ..... 6.me ..... 7.me 8.me

14. La gamme se compose donc en totalité de cinq diatons et de deux semi-diatons. Ainsi formée elle prend le nom d'*Echelle diatonique*; si elle tend du grave à l'aigu, elle est *ascendante*; *descendante* si de l'aigu au grave. En démembrant cette série de huit tons, on remarquera qu'elle contient elle même deux séries de quatre dégrés semblables quand à la disposition des diatons et des semi-diatons, et unies entr'elles par un diaton: ces progressions de quatre tons s'appellent les tétracordes: on les distingue l'un de l'autre par l'addition des mots *supérieur* et *inferieur*

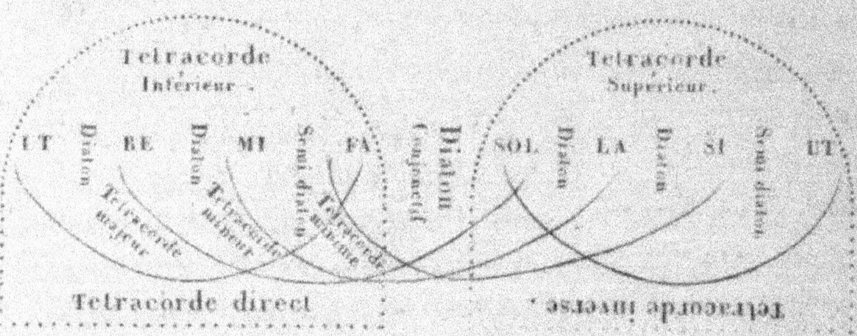

D'après les principes établis par Choron, le tetracorde est *majeur* lorsque le semi-diaton se trouve du troisième au qua-

nous avons employé jusqu'à présent le mot ton, nous continuerons à en faire de même. Le mot diaton qui exprime exactement l'idée de la distance qui sépare un ton de celui qui l'avoisine a été fourni par Suremain-Missery auteur d'un ouvrage, fort remarquable sur la Théorie acoustico-musicale.

trième degré: il est *mineur* si le sémi-diaton est placé du second au troisième et *minime* s'il se montre dès le commencement du tétracorde, entre le premier dégré et le second. Le tétracorde qui se formerait sans sémi-diaton de *fa* à *si* est rejeté comme étant d'un mauvais effet. Le nom de tétracorde *direct* désigne quatre dégrés pris du grave à l'aigu; si l'on prend ces dégrés de l'aigu au grave, il en résulte un tétracorde *inverse*.

On trouvera des exercices sur ces divers tétracordes dans la *Méthode Concertante* leçons 1_9. et dans la *Méthode élémentaire* leçons 1_7.

15. Résumons nous. Toute pièce de musique est fondée sur une série de sept tons aux quels on a donné des noms pour se les rappeler plus aisément. Ces sept tons se reproduisent au grave comme à l'aigu autant de fois que le permettent les moyens que la nature et l'art mettent à notre disposition. Pour donner un point de repos à cette série de sept notes on fait ordinairement suivre la dernière d'une huitième qui est la reproduction de la première et semble s'identifier avec elle. Cette formule s'appelle *Echelle* ou *Gamme*. La distance totale ainsi parcourue est de cinq diatons et deux semi-diatons: les semi-diatons se rencontrent entre le troisième et le quatrième dégré et entre le septième et le huitième: les autres dégrés sont séparés par des diatons. Enfin l'échelle de ces huit tons se divise en deux tétracordes l'un inférieur l'autre supérieur lesquels se ressemblent quand à la situation des sémi-diatons.

CHAPITRE SECOND.

De la Portée.

16. Les sept tons de la musique étant maintenant bien conçus nous allons voir comment ils peuvent être représentés sur le papier et livrés ainsi à l'intelligence du chanteur. On arrive à ce résultat au moyen de signes appelés *Caractères* qui servent à exprimer les diverses modifications du son. La première étant celle du grave à l'aigu, nous nous occuperons d'abord des caractères destinés à fixer la position du son. Le plus important de tous est la *Portée*, il se forme de la réunion de cinq lignes parallelles équidistantes, tracées horyzontalement. Les intervalles égaux que séparent ces *lignes* se nomment *espaces* ou *interlignes*. Les lignes et les espaces se comptent de bas en haut.

5me .... 4me
4me .... 3me
3me .... 2me
2me .... 1er Espace.
1re Ligne

Sur ces lignes et interlignes, se posent des signes qui expriment le degré d'acuïté et de gravité du son. Il est aisé de deviner que les tons aigus doivent occuper les lignes et espaces supérieurs, et les tons graves les lignes et espaces inférieurs: la portée a donc l'avantage d'offrir à l'œil une figure parfaitement en rapport avec l'intelligence et qui exprime par son aspect matériel l'idée de l'élévation et de l'abaissement du son.

17. En conséquence de ce qui vient d'être dit, si, pour représenter les tons musicals, nous supposons un caractère semblable à un zéro légèrement incliné — 0 — et si nous plaçons ce signe sur les cinq lignes et dans les quatre espaces ou interlignes de la portée, les six premiers zéros depuis celui qui se trouve au dessous de la première ligne jusqu'à celui qui occupe la troisième indiqueront les tons graves, et ceux qui se trouvent depuis cette troisième ligne jusqu'au dessus de la cinquième annonceront les tons aigus. En prenant une partie des uns et des autres on aura les tons *moyens* ou tons du *medium*.

18. Lorsque les cinq lignes et les quatre interlignes fournis par la portée deviennent insuffisans pour la représentation des sons que l'on veut exprimer, on place, soit au dessous, soit au dessus des lignes extrêmes, de nouvelles lignes que l'on prolonge ou que l'on reproduit selon la nécessité. Ces lignes forment avec leurs voisines de nouveaux interlignes dans lesquels on pose également des notes: ces lignes additionnelles s'appellent lignes *Supplémentaires* ou lignes *postiches*.

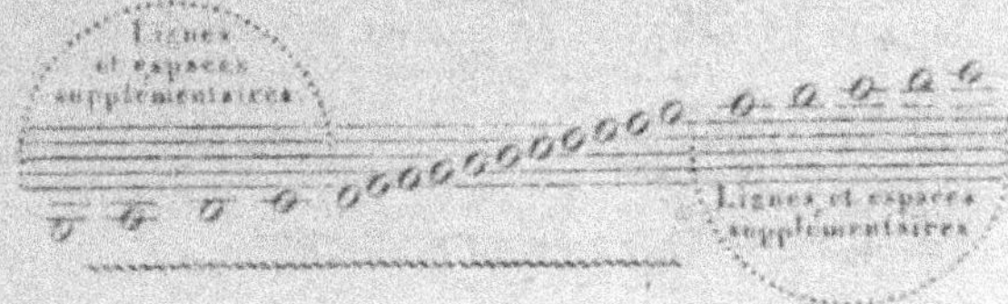

CHAPITRE TROISIEME

Des Clefs.

19. On a vu (16 et suiv.) que la portée était destinée à recevoir les caractères ou notes indiquant les tons de la musique dont elle détermine le dégré d'abaissement ou d'élévation: mais en jetant les yeux sur l'exemple[*] on s'apperçoit que rien ne marque lequel des sept tons de la série l'on a voulu désigner par le premier, le second, le troisième etc: de ces zéros qui se voient sur et entre les cinq lignes. Il fallait donc inventer quelque moyen de déterminer ces notes d'une manière qui ne laissât dans l'esprit aucune incertitude. On y est arrivé par l'invention de certains signes appelés *Clefs* parcequ'ils servent à *ouvrir* à l'intelligence de l'exécutant la pensée écrite sur la portée. Supposons par exemple un signe de convention 𝄞

destiné à indiquer que la ligne au commencement de laquelle il sera placé prendra le nom de *Sol*, cinquième ton de la série, chaque fois que l'on rencontrera sur cette ligne un caractère d'intonation on saura que c'est nécessairement un *Sol*.

20. Plaçons le même signe sur la seconde ligne.

chaque fois que cette seconde ligne portera quelque caractère musical, on l'appellera *Sol*. Cette note une fois

(*) Page 15.

déterminée il sera très facile de trouver le nom des autres: ainsi la seconde ligne portant le *sol*, l'espace ou interligne inférieur aura le *fa*, l'espace supérieur le *la*, la ligne inférieure le *mi*, la ligne supérieure le *si* et ainsi du reste.

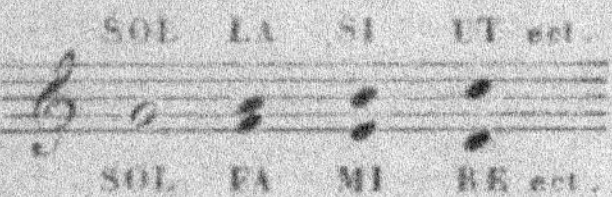

21. Chaque portée de cinq lignes présente une place suffisante pour écrire onze notes (c'est l'étendue commune des voix) et au moyen des lignes supplémentaires, on peut, ainsi que nous l'avons dit (18) remédier à l'insuffisance des lignes et interlignes soit en haut soit en bas. Ces lignes postiches pourraient être multipliées à l'infini et à la rigueur tous les tons musicals se représenteraient au moyen de ces lignes ajoutées au dessus et au dessous de la portée de cinq lignes; mais on conçoit sans peine l'embarras qui en résulterait et la difficulté qu'aurait l'œil à reconnaître à première inspection la position exacte des notes; la série des tons musicals (★) formant un total d'environ soixante notes. Prenons seulement pour exemple un piano: les moins étendus sont à présent de six octaves: en comptant les touches blanches de l'instrument, on verra qu'elles sont au nombre de quarante-trois; or la portée n'offrant que onze places, il y en aurait trente deux, autant dire les trois quarts, sur des lignes et interlignes supplémentaires.

(★) Il est entendu que nous ne considérons ici que le seul genre diatonique.

22. Il faut donc plus d'une seule *clef* pour exprimer sans inconvénient la série des sons musicals. Aussi emploie-t-on, outre la clef de *sol*, dont nous avons parlé ci-dessus (19), laquelle sert pour les sons aigus; la clef de *fa* qui sert pour les sons graves, et la clef d'*ut* qui sert pour les sons moyens, autrement pour les tons graves des voix et instrumens aigus et pour les tons aigus des voix et instrumens graves.

Clef de SOL. 𝄞

Clef d'UT 𝄡

Clef de FA 𝄢

23. Pour expliquer d'une manière évidente et en quelque sorte matérielle la série des tons, nous allons représenter les six octaves du piano sur deux portées liées ensemble par une ligne interposée qui sert de ligne supplémentaire supérieure pour la clef de fa et de ligne supplémentaire inférieure pour la clef de sol. Il résulte de cet assemblage une grande portée de onze lignes, sur laquelle se distribuent les tons de l'étendue du piano, à partir du premier fa grave jusqu'à celui qui commencerait une septième série. La portée de la clef d'ut se forme naturellement de l'emprunt fait à la clef de fa de ses notes les plus aigues et à la clef de sol de ses notes les plus graves.

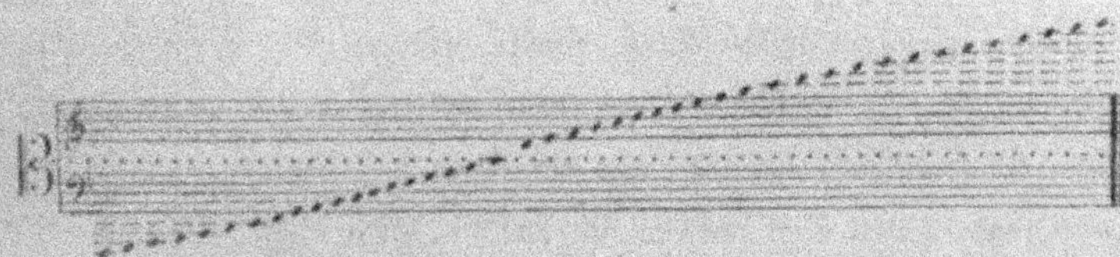

24. Lorsque le nombre des lignes supplémentaires devenant trop considérable, il serait pénible à l'œil de saisir sur le champ le degré où se trouverait placée la note, on peut écrire le passage huit degrés plus bas pour les notes aigues de la clef de sol et huit degrés plus haut pour les notes graves de la clef de fa. Cette circonstance est indiquée par le mot *Octava* ou 8.ª suivi d'un tremblé qui se prolonge jusqu'à ce que les notes se représentent dans leur position naturelle, ce qui se reconnait par le mot *loco* placé à la suite du tremblé, lequel fait connaitre que les notes reprennent leur situation, leur *lieu* ordinaire. Du reste il y a trois observations à faire sur l'emploi de cette ressource. 1.º C'est qu'on ne doit s'en servir que lorsque le trait est d'une certaine étendue, il serait ridicule de l'employer pour quelques notes passagères et cela ne semblerait fait que pour troubler l'exécutant. 2.º Il faut que le trait se trouve plus haut que le ré au dessus de la portée de la clef de sol et s'y maintienne quelque tems; on laisse plus de latitude pour les notes graves de la clef de fa pour la quelle cependant l'*octava* est bien moins fréquent. 3.º On ne doit jamais marquer l'*octava* dans un morceau vocal à moins que ce ne soit pour indiquer

que le passage peut être fait en haut ou en bas à volonté, on ajoute alors au mot octave ou 8.ª l'expression *ad libitum* ou par abréviation *ad. lib.* Cela posé, on concevra que l'étendue du piano que nous avons donnée plus haut (23) pourrait être notée comme l'on voit ci dessous.

8.ª ....

Octava ....Loco.

25. L'analyse de la grande portée de onze lignes (23) nous montre :

(*a*) La position réelle de la clef de sol qui, dans la musique moderne, ne se trouve que sur la seconde ligne de la portée ordinaire de cinq lignes. Autrefois on la voyait aussi sur la première ligne. Cette clef qui renferme les lignes les plus élevées de la grande portée sert pour les voix et les instrumens aigus.

(*b*) Nous y trouvons aussi la position réelle de la clef de fa qui ne s'emploie plus que sur la quatrième ligne ; autrefois on la trouvait aussi sur la troisième et la cinquième. Elle sert pour les voix et les instrumens graves.

(*c*) Quant à la clef d'ut placée sur la ligne d'union des deux portées, elle peut s'employer de plusieurs manières ; tantôt elle emprunte trois lignes à la clef de *fa* et une à la clef de sol et se trouve ainsi sur la quatrième ligne ; placée de la sorte, elle sert pour la voix d'homme appelée *tenor* et pour les instrumens de basse quand ils se portent dans le haut.

Si cette même clef emprunte deux lignes à la clef de fa et deux à celle de sol, elle se trouve sur la troisième ligne; elle sert alors pour les voix graves de femmes *(contraltes)* et les voix aigues d'hommes *(haute-contres)* pour la viole et, au besoin pour les notes hautes des instrumens graves.

Quand elle a formé sa portée en superposant à la ligne où elle se trouve naturellement quatre lignes de la clef de sol, elle se trouve sur la première ligne et sert uniquement pour les voix de *sopranes* ou *Dessus*.

La clef d'ut se trouvait aussi autre fois sur la seconde ligne, mais cet usage s'est perdu.

26. Le démembrement de la grande portée de onze lignes produit donc:

(*a*) *Clef de fa* sur la quatrième ligne servant pour les tons graves.

(*b*) *Clef d'ut* donnant lorsqu'elle est sur la quatrième ou troisième ligne les tons moyens du système (ou tons du milieu de la grande portée) et lorsqu'elle est sur la première ligne servant pour les tons aigus.

(*c*) Enfin *Clef de sol* fournissant les tons aigus.

VOICI LE TABLEAU DE CES POSITIONS:

A la suite de chaque clef de la portée du milieu l'on voit la note *ut* de la ligne d'union représentée à la place qu'elle occupe sur ces diverses clefs et qui dans ces différentes positions n'est autre que celle qui se lit à la clef de sol dans la portée supérieure et à la clef de fa dans la portée inférieure.

Tout ce qui vient d'être dit suffit pour démontrer que l'on s'exprime d'une manière vicieuse quand on dit *La clef d'ut se pose sur la première ligne sur la troisième sur la quatrième.* " La position des clefs est toujours fixe, seulement elles empruntent au besoin d'une clef voisine le nombre de lignes qui leur est nécessaire pour compléter les cinq que toute clef doit avoir à sa disposition: c'est la clef qui régit la portée et non la portée qui régit la clef. (*)

(*) Je terminerai ce chapitre en recommandant aux jeunes élèves de ne pas négliger, ainsi qu'on le fait communément en France d'apprendre à lire la musique sur les différentes clefs, même sur celles d'ut seconde ligne et de la troisième ligne. A la vérité toute la musique qui s'exécute dans les salons français n'est écrite que sur les seules clefs de sol et de fa quatrième ligne; mais, comme cet usage n'existe que depuis le commencement du siècle actuel et que, de nos jours même, l'habitude française n'est pas encore universellement adoptée, il en résulte que négliger l'étude des clefs, c'est se priver de la lecture d'une immense quantité de musique ancienne et moderne et se renfermer dans de bien étroites limites. D'un autre côté, rien n'est plus propre à développer l'intelligence musicale que cet exercice qui habitue à placer une note sur une ligne ou un espace quelconque et à en déduire les autres: une fois les premiers obstacles vaincus, on ne tarde pas à recueillir les fruits d'une étude qui exige seulement un peu d'attention. J'ajouterai toute fois qu'il est bon de ne commencer à s'exercer sur les diverses clefs que lorsque l'on possède l'une d'elles au moins fort passablement; sans cette précaution la matière se présenterait à l'esprit d'une façon trop confuse.

CHAPITRE QUATRIÈME.

Du Dièse du Bémol et du Bécarre.

27. Nous avons vu (13) que les sept notes de la musique étaient séparées par des distances vulgairement appelées tons et demi tons; nous avons nommé ces distances diatons et sémi-diatons pour éviter toute confusion et pour plus d'exactitude dans le langage. Nous avons observé que les deux sémi-diatons de l'échelle avaient leur place du troisième au quatrième degré et du septième au huitième. Or par des raisons qui seront expliquées dans la suite, il arrive que l'on doit fréquemment changer la place ordinaire de ces sémi-diatons et les transporter à d'autres degrés de l'échelle: cette opération peut se faire de deux manières; 1° en élevant la note inférieure d'un sémi-diaton; 2° en abaissant la note supérieure d'une semblable distance.
Ainsi, dans l'échelle diatonique, pour rapprocher le premier degré du second et changer le diaton en sémi-diaton, il faut ou élever l'*ut* ou abaisser le *ré* d'un sémi-diaton.

28. Le signe qui sert à élever la note d'un sémi-diaton, ♯, s'appelle *dièse*. Il produit son effet sur la note devant laquelle il est immédiatement placé: ainsi dans la figure suivante le dièse qui se trouve devant le *fa* éloigne cette note du *mi* et la rapproche du

sol, en telle sorte que le sémi-diaton qui se trouvait entre le *mi* et le *fa* se voit ici entre le *fa* et le *sol*.

Même remarque pour le second diese de la figure ci-dessous lequel, placé devant l'*ut*, éloigne cette note du *si* et la rapproche du *ré*

Avec un peu d'attention l'on s'appercevra que cette dernière portée représente la gamme naturelle ou primordiale que nous avons précédemment analysée transportée un degré plus haut au moyen du diese accidentel placé devant le troisième et le septième degré de cette nouvelle gamme. L'autre figure donnait la même formule cinq degrés plus haut que sa position primordiale.

29. Le signe qui sert à baisser la note d'un semidiaton ♭, s'appelle *bémol*. Il influe sur la note qui le suit immédiatement ; ainsi dans l'exemple ci dessous, le bémol qui précède le *si* rapproche cette note du *la* et l'éloigne de l'*ut* de manière que le sémi-diaton ne se trouve plus entre le *si* et l'*ut*, mais entre le *la* et *si*

La même observation a lieu pour le bémol qui se voit au devant du *mi* de l'exemple suivant ; il rapproche cette note du *ré* et s'éloigne du *fa* .

La dernière de ces deux figures nous présente la gamme primordiale transportée un degré plus bas, formule qui s'était montrée dans la première quatre degrés plus haut .

30. Le dièse et le bémol étendent leur effet sur la note devant la quelle ils se trouvent placés quelque soit la série de l'échelle générale dans laquelle on la rencontre . Ainsi dans ces deux exemples:

les trois *fa* se trouvent altérés par la juxtapposition du seul dièse au devant du premier et il en est de même pour les trois *si* bien que le bémol ne se trouve que devant le premier . Cette altération cesse de deux manières:

(*a*) Lorsque la portée se trouve traversée par une ligne verticale qui sert aussi à un autre usage dont il sera question plus tard . Cette ligne s'appelle en italien *stanghetta* . (✱)

(*b*) Par le moyen d'un nouveau signe ♮ appellé

(✱) Ce mot nous manque ; il n'y aurait aucun inconvénient à le franciser et c'est ce qui nous arrivera par la suite .

Bécarre. Ce signe a le privilège de rendre à la note diesée ou bémolisée son état primitif. L'examen de l'exemple ci-dessous fait connaître comment l'altération des notes au moyen du dièse ou du bémol cesse par le seul fait de l'apparition de la ligne verticale qui traverse la portée: nous avons placé des étoiles au dessus de chacune des notes qui reprennent ainsi le degré qu'elles occupent sur l'échelle primordiale.

On voit dans l'exemple suivant l'effet produit par la juxtapposition du bécarre:

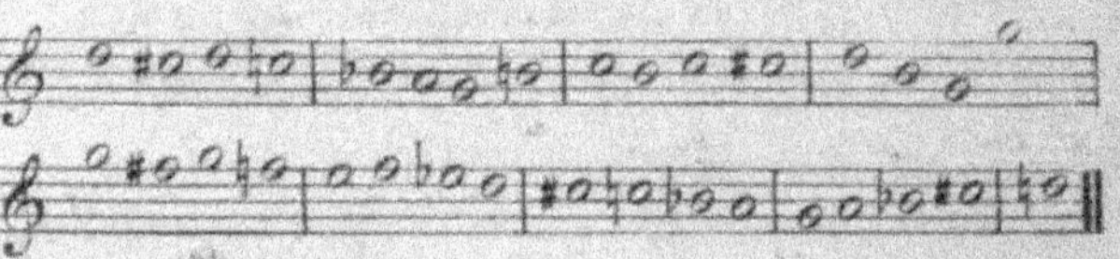

Il est un seul cas où le dièse et le bémol accidentels étendent leur effet au delà de la ligne transversale, c'est lorsque la note affectée d'un de ces accidens se trouve attachée par une *liaison* (on verra plus tard ce que c'est) à une autre note placée sur le même degré comme:

Les deux fa et les deux ut sont ici également affectés par le dièse, c'est-à dire élevés d'un semi-diaton. De même le second si est comme le premier abaissé d'un sémi-diaton par l'effet du bémol et plus loin le bécarre placé devant le premier si étend également son effet sur le second.

31. Veut-on que l'effet du dièse ou du bémol s'étende à tout un morceau de musique, au lieu de placer ces signes devant les notes que l'on altère accidentellement, on les mettra près de la clef dans un ordre qui sera expliqué ci après Chapitre sixième. C'est ce qui s'appelle *armer* la clef, et l'on dit que la clef est armée d'un, de deux, de trois, de quatre etc. dièses ou bémols, selon qu'il se trouve à la suite de la clef un, deux, trois, quatre etc. de ces accidens. Ainsi, de la manière dont est armée cette clef, l'on doit conclure que tous les fa, tous les ut et tous les sol qui se rencontreront dans le morceau devront être dièses, c'est à dire élevés d'un sémi-diaton au dessus de leur position naturelle dans la gamme primordiale. La clef suivante armée de trois bémols placés sur le si le mi et le la s'expliquera de la même manière, mais en sens inverse quant à l'effet du signe.

Pour changer cette nouvelle position acquise à la note alterée à la clef, on emploie le bécarre qui ramène momentanément la note à sa situation dans la gamme primordiale d'ut. De même que pour le dièse et le bémol, l'effet de ce nouveau signe se trouve suspendu 1° par la barre verticale ; 2° par la reproduction du dièse ou du bémol attaché à la clef.

32. Lorsque l'on veut élever d'un sémi-diaton une note déjà diésée ou bémolisée à la clef, on se sert de deux nouveaux signes, savoir: du double dièse ✕ ou ✕ et du double bémol ♭♭. Ces nouveaux signes perdent leur effet 1° par l'apparition de la ligne verticale, 2° par celle du simple dièse ou simple bémol placé devant la note double-diésée ou double-bémolisée.

33. Le dièse a donc pour objet d'élever la note d'un sémi-diaton, Le bémol de la baisser d'un sémi-diaton. Le bécarre rappelle la note diésée ou bémolisée à son état primitif. Lorsque le dièse ou le bémol ne se trouvent point à la clef, ces signes n'ont d'influence sur les notes qui les suivent que jusqu'à l'apparition de la ligne verticale ou du bécarre; mais si l'altération a lieu à la clef, les notes affectées du dièse ou du bémol ne reprennent leur situation primitive dans l'échelle naturelle que lorsqu'elles sont précédées du bécarre. Le double dièse et le double bémol affectent de nouveau les notes déjà altérées à la clef, de sorte que, l'état fixe de ces notes étant pour tout le morceau celui de dièse et de bémol; pour cesser l'effet d'une altération momentanée, ce n'est plus le bécarre, mais le simple dièse ou le simple bémol qu'il faut employer pour les ramener à la position qu'elles ont à la clef. Ces divers signes portent en général le nom d'*accidens*.

CHAPITRE CINQUIÈME

Des Intervalles.

54. On appelle intervalle la distance qui se trouve entre deux termes quelconques de l'échelle générale des tons du système musical.

On nomme *Échelle générale* l'ensemble de tous les tons musicals(★) généralement adoptés. Leur réunion forme une succession d'environ huit octaves à partir du son produit par un tuyau de trente deux pieds.

55. Chaque intervalle tire son nom du nombre de degrés qu'occupent les tons dont il est formé. Ainsi l'on nomme *unisson*, *uniton* ou *prime* celui dont les tons n'occupent qu'un seul et même degré; *seconde* celui dont les tons embrassent deux degrés consécutifs; *tierce* celui dont les tons embrassent trois degrés; *quarte*, *quinte*, *sixte*, *septime* ou *septième*, *octave*, *none* ou *neuvième*, *décime* ou *dixième* etc. ceux dont les tons occupent sur l'échelle quatre, cinq, six, sept, huit etc. degrés.

Dans la pratique on donne aussi le nom d'intervalle à l'un des deux tons qui le composent en le comparant à l'autre ton considéré comme base; par exemple on

---

(★) Nous écrivons musicals parceque l'Académie française le veut ainsi, mais nous croyons qu'il n'y aurait aucun inconvénient à former régulièrement le pluriel et à dire musicaux: tous les musiciens en usent ainsi et il serait peut-être difficile à l'Académie de dire en quoi ils ont tort.

dit également la tierce *ut mi*, ou *mi* tierce d'*ut* et réciproquement.

36. Tout intervalle peut être pris sous deux directions différentes, c'est-à-dire du grave à l'aigu et de l'aigu au grave. Dans le premier cas il se nomme *intervalle ascendant*, dans le second *intervalle descendant*. Quand la nature de l'intervalle n'est pas spécialement désignée, il est sous-entendu que c'est un intervalle *ascendant*, le calcul musical, se fesant habituellement du grave à l'aigu.

37. Les intervalles peuvent être considérés sous le rapport:

(*a*) de leur étendue,

(*b*) de leur espèce.

Sous le premier rapport ils peuvent être *Simples*, c'est-à-dire moindres que l'octave et ils peuvent être *composés* ou *multiples*, c'est-à-dire plus grands que l'octave. Dans ce dernier cas, ils sont *redoublés*, *triplés quadruplés* etc. selon le nombre de fois que l'octave a été ajoutée à l'intervalle simple ; ainsi la neuvième est l'intervalle *redoublé* de la seconde, la dixième le *redoublé* de la tierce, parceque à chacun de ces intervalles simples, l'octave a été ajoutée.

Sous le rapport de leur espèce, les intervalles sont *naturels* ou *altérés* : les intervalles naturels sont ceux que fournit l'échelle du mode majeur d'*ut* et qui peuvent être pris indiféremment sur toute autre échelle transposée au moyen des dièses ou bémols pourvu qu'elle lui soit semblable. Les intervalles altérés sont ceux qui proviennent de la variation d'un des termes de l'intervalle naturel ou de celle de ces deux termes à la fois.

38. Les intervalles naturels sont:

(*a*) L'*unisson* qu'il serait mieux d'appeller *uniton* n'a qu'une seule espèce, plusieurs notes de suite à l'unisson n'offrant entr'elles aucune différence tonale et se trouvant ainsi parfaitement égales l'une à l'autre.

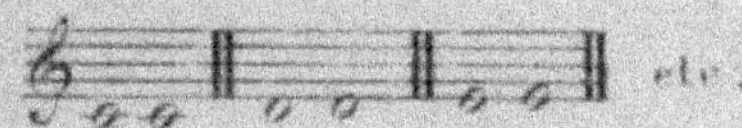

(*b*) La *seconde* a deux espèces, la seconde mineure composée d'un sémi-diaton; il y en a comme nous l'avons déjà dit deux dans l'échelle, savoir, *mi-fa* et *si-ut*, et la seconde majeure composée d'un diaton, il y en a cinq, savoir, *ut-ré*, *ré-mi*, *fa-sol*, *sol-la*, *la-si*.

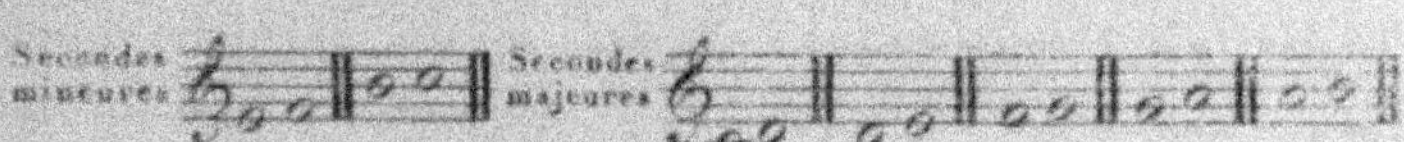

(*c*) La tierce a deux espèces, savoir la tierce mineure composée d'un diaton et d'un sémi-diaton; il y en a quatre dans l'échelle, savoir: *ré-fa*, *mi-sol*, *la - ut*, *si - ré*, et la tierce majeure composée de deux diatons, il y en a trois dans l'échelle, savoir, *ut mi*, *fa - la*, *sol - si*.

(*d*) La* *quarte* a deux espèces: 1.° la quarte mineure, appellée dans la pratique quarte *parfaite* ou quarte *juste*, composée de deux diatons et d'un sémi-diaton: l'échelle en fournit six, savoir, *ut-fa*, *ré-sol*, *mi-la*, *sol-ut*, *la-ré*, *si-mi*: 2.° la quarte majeure composée de trois diatons, à raison de quoi elle est aussi appellée *triton*, et mal-à-propos quarte *superflue* ou *augmentée*, l'échelle n'en contient qu'une seule *fa si*.

Quartes mineures, vulgairement Quartes justes ou parfaites.

Quarte majeure ou triton appellée mal à propos Quarte augmentée ou superflue.*

(*e*) La *quinte* a deux espèces, la quinte mineure composée de deux diatons et de deux sémi diatons; il n'y en a qu'une seule, *si-fa*; la quinte majeure ou simplement quinte, composée de trois diatons et d'un sémi-diaton: il y en a six dans l'échelle, *ut - sol*, *ré-la*, *mi - si*, *fa - ut*, *sol - ré*, *la - mi*.

Quinte mineure appellée mal à propos fausse Quinte ou Quinte diminuée.

Quintes majeures ou Quintes justes.

(*f*) La *Sixte* a deux espèces, la sixte mineure composée de trois diatons et de deux sémi-diatons; il y en a trois dans l'échelle, *mi-ut*, *la-fa*, *si-sol*; la sixte majeure composée de quatre diatons et d'un sémi-diaton; il y en a quatre, *ut-la*, *re-si*, *fa-re*, *sol-mi*.

Sixtes mineures. Sixtes majeures.

(*g*) Enfin la *Septième* a deux espèces: 1° la septième mineure qu'en harmonie on appelle septième de *Dominante* composée de quatre diatons et de deux sémi-diatons, il y en a cinq dans l'échelle *re-ut*, *mi-re*, *sol-fa*, *la-sol*, *si-la*, 2° la septième majeure composée de cinq diatons et d'un sémi-diaton; il y en a deux, *ut-si*, *fa-mi*.

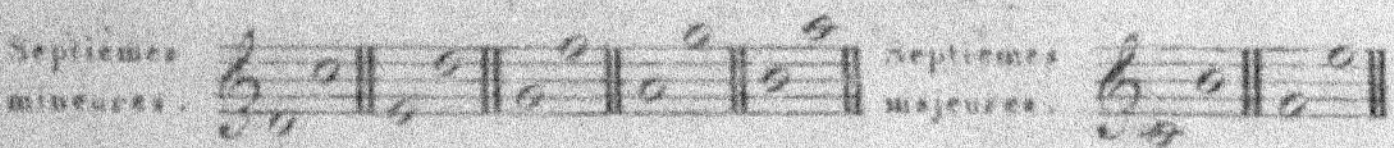

L'*octave*, qui est le redoublé de l'unisson, n'a comme lui qu'une seule espèce naturelle composée de cinq diatons et deux sémi-diatons,

39. Si l'on s'arrête à comparer ent'eux les divers intervalles que nous venons d'énumérer, on voit 1° qu'a l'eception de l'unisson, et de l'octave, tous les

intervalles sont de deux espèces l'une mineure, l'autre majeure, celle-ci surpassant toujours la première d'un sémi-diaton: 2° qu'à partir de l'unisson jusqu'à l'octave qui en est le redoublé, tous ces intervalles vont en augmentant progressivement d'un sémi diaton à l'exception de la quarte majeure et de la quinte mineure qui sont en apparence de même grandeur bien que composées différemment, l'une comprennant trois diatons en quatre degrés, l'autre deux diatons et deux sémi diatons en cinq degrés. On peut s'en assurer par l'inspection du tableau suivant:

40. Les intervalles altérés s'obtiennent en faisant varier les intervalles naturels, chacun dans le sens de son espèce, c'est à dire les intervalles mineurs en moins et les intervalles majeurs en plus.

L'altération en moins se nomme *diminution*, et donne les intervalles diminués ; l'altération en plus se nomme *augmentation*, et donne les intervalles augmentés.

Toute altération, soit en moins, soit en plus, se fait par sémi-diaton, et l'on conçoit qu'il peut y avoir plusieurs degrés d'altération, puisque cette altération peut s'effectuer au moyen du dièse ou du bémol ; mais dans la pratique on ne considère qu'un seul degré de chaque genre. D'après cela, on nomme *intervalle diminué* tout intervalle mineur diminué d'un sémi-diaton, et *intervalle augmenté* tout intervalle majeur augmenté d'un sémi-diaton. Le tableau ci dessous dans le quel les intervalles augmentés se trouvent rapprochés des intervalles majeurs et les diminués des mineurs rendra tout ceci évident.

41. En examinant ce tableau des intervalles on remarquera:

(*a*) Que l'unisson qui n'a point d'espèce majeure et mineure peut éprouver la diminution ou l'augmentation.

(*b*) Que chaque intervalle a quatre espèces à l'exception de l'unisson et de l'octave qui n'en ont que trois.

(*c*) Que dans ce tableau l'espèce que nous appelons *quarte mineure* se nomme ordinairement *quarte juste*; celle que nous nommons *quarte majeure* s'appelle *quarte augmentée* ou *superflue*, tandisque la véritable quarte augmentée est celle à laquelle nous donnons cette dénomination.

(*d*) Même observation pour la quinte: la véritable *quinte mineure* est celle que nous nommons ainsi; on l'appelle vulgairement *quinte diminuée* ou *fausse quinte*, tandisque l'intervalle auquel appartient ce dernier nom est moindre d'un sémi-diaton.

(*e*) On voit que dans la formation du tableau des intervalles, a l'exception de l'unisson pour la distinction du quel l'emploi du bémol était nécessaire, nous ne nous sommes servis que du dièse pour produire l'altération; nous avons obtenu l'augmentation par l'apposition du dièse devant la note supérieure de l'intervalle majeur et la diminution en plaçant le même signe devant la note inférieure de l'intervalle mineur. Nous aurions obtenu un résultat semblable ou du moins admis comme tel (40.) en fesant une opération inverse.

c'est-à-dire en plaçant le bémol devant la note inférieure des intervalles majeurs, ce qui nous eut procuré l'augmentation ou devant la note supérieure des intervalles mineurs, ce qui eut produit la diminution.

42. L'intervalle est donc la distance qui sépare l'un de l'autre deux degrés quelconques de l'échelle des tons.

Les intervalles considérés sous le rapport de leur étendue peuvent être *simples*, c'est-à-dire, renfermés dans l'octave ou *composés*, c'est-à-dire plus grands que l'octave: dans ce dernier cas ils sont *doublés triplés, quadruplés*, selon que l'on a ajouté une, deux, trois fois l'octave à l'intervalle simple. Sous le rapport de leur espèce ils sont *naturels*, c'est à dire fournis par les degrés de l'échelle primordiale ou *altérés* par suite de la variation d'un des termes de l'intervalle naturel.

Les intervalles naturels sont *majeurs* ou *mineurs*, les intervalles altérés sont *augmentés* ou *diminués*.

CHAPITRE SIXIÈME.

Des Modes.

43. Le mot *mode* signifie en général *manière d'être*; il indique en musique un état, une ordonnance de tons disposés respectivement à l'un d'entre eux pris pour base et dépendant ainsi les uns des autres. C'est de la sorte que se forment les séries

du genre de celle que nous avons étudiée et analysée dans notre premier chapitre (10 et suiv.) Les anciens possédaient un grand nombre de modes conservés en partie dans le plainchant en usage dans les cérémonies du culte catholique: les modernes n'admettent que deux modes le *majeur* et le *mineur*.

44. C'est l'échelle du mode majeur qui nous a servi de type pour exposer la constitution des tons de la musique et c'est à cette échelle qu'ont été rapportées les dénominations conventionnelles *ut, re, mi, fa* etc: ce qui démontre suffisamment et sans qu'il soit besoin de plus ample explication que le mode majeur est le fondement de tout le systême musical actuel.

L'échelle de ce mode est ainsi qu'on l'a vu (10 et suiv.) composée de huit tons: le premier est séparé du second par un diaton; le second du troisième par un semblable intervalle; du troisième au quatrième on ne compte qu'un sémi-diaton; les tons suivants procèdent par diatons jusqu'au septième degré qui n'est séparé du huitième que par un sémi-diaton. Cette échelle peut comme on l'a déja vu se diviser en deux tétracordes disjoints, par un diaton.

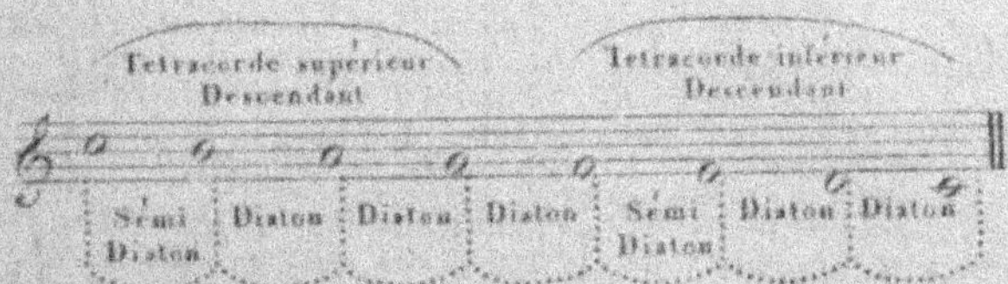

Elle ne subit aucune variation soit qu'on la prenne en montant, soit qu'on la prenne en descendant. Tous les intervalles ascendants qui la composent sont majeurs à l'exception de la quarte qui est mineure (vulgairement *juste* ou *parfaite*.) Ces mêmes intervalles pris en sens inverse, c'est à dire en partant de l'octave de la note fondamentale, sont mineürs à l'exception de la quinte qui est majeure.

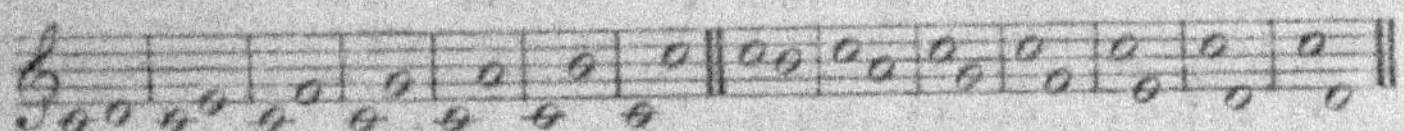

La note qui caractérise singulierement le mode majeur est la tierce: c'est elle qui imprime à ce mode un caractère mâle et brillant, une sonorité éclatante, qualités aux quelles le mode mineur ne saurait prétendre.

45. La constitution du mode mineur n'est pas aussi simple à beaucoup près et aussi fermement assise que celle du mode majeur. La fixation de l'échelle mineure est encore un sujet de dispute pour les théoriciens; nous ne nous mettrons point de la partie, une telle discussion serait fort déplacée dans un exposé tel que celui-ci: nous nous bornerons à dire que

les divers systèmes d'explications du mode mineur ont été jusqu'à ce jour assez peu satisfesants: peut-être cela vient-il de ce que l'on n'est pas allé assez au fond des choses. Quant à présent je tâcherai d'indiquer succinctement les avantages et les inconvéniens des échelles proposées.

46. L'usage le plus général est de donner à la gamme mineure la disposition suivante:

Lorsque l'échelle est ascendante, du premier au second degré on compte un diaton, du second au troisième un sémi-diaton ensuite quatre diatons suivis d'un sémi-diaton qui se trouve comme dans la gamme du mode majeur, du septième au huitième degré.

En descendant, cette gamme n'est plus la même: du huitième au septième degré l'on compte un diaton puis un autre diaton du septième au sixième, ensuite un sémi-diaton deux diatons un sémi-diaton et un diaton: la figure suivante présente ces différences dans l'échelle primordiale de *la* qui est pour le mode mineur ce qu'est celle d'*ut* pour le mode majeur.

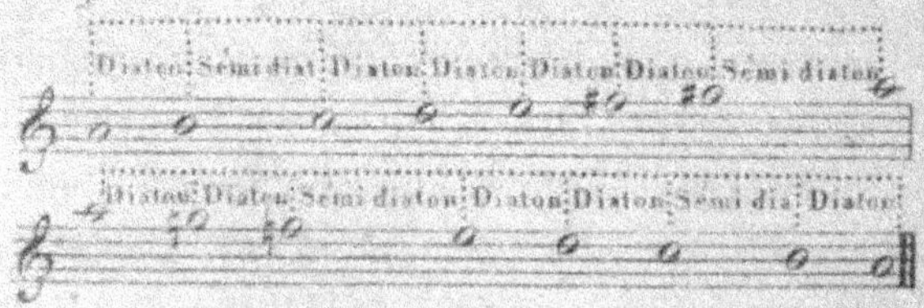

Voici maintenant la gamme mineure d'*ut* rapprochée de sa gamme majeure, les accidens qui se rencontrent dans la ligne inférieure prouvent combien les deux modes diffèrent l'un de l'autre.

Gamme Majeure d'*ut*

Gamme Mineure d'*ut*

La disposition des tons de l'échelle mineure telle que nous venons de l'exposer a l'avantage d'offrir une suite d'intonations faciles ; mais elle a l'inconvénient extrêmement grave de n'être pas la même en descendant qu'en montant, ce qui lui laisse une tournure vague et indéterminée. .

Dans cette gamme à partir de la note fondamentale tous les intervalles sont majeurs excepté la tierce et la quarte qui sont mineures. Dans la gamme descendante si l'on part de l'octave de la tonique pour mesurer les intervalles en dessous, on trouvera qu'ils sont tous majeurs à l'exception de la quarte et de la septième.

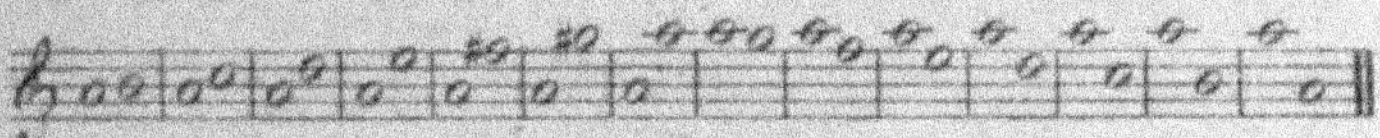

Si l'on prend les intervalles de cette gamme descendante en sens inverse, c'est-à-dire, si l'on mesure la distance qui les sépare de la note fondamentale ou tonique, on verra qu'ils sont tous mineurs.

si ce n'est la quinte et la seconde qui sont majeures.

47. La gamme mineure peut encore être disposée et expliquée comme il suit. Dabord on parcourt les cinq premiers degrés comme il vient d'être dit (46) du cinquième degré au sixième on ne monte que d'un sémi-diaton, de celui-ci au septième, on parcourt un diaton et un sémi-diaton, puis du septième au huitième le sémi-diaton ordinaire. On suit la même marche en descendant. Ce dernier avantage ne suffit pas pour compenser l'inconvénient qui résulte de l'emploi de la seconde augmentée entre le sixième et le septième degré, intonation dure et difficile surtout en montant.

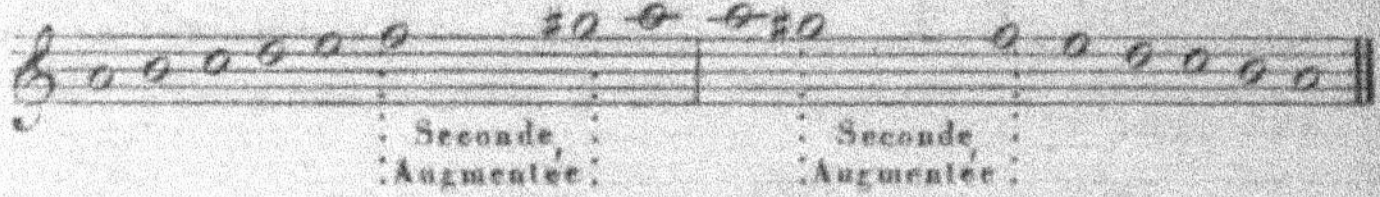

48. Une troisième manière d'établir la gamme du mode mineur, manière bien naturelle qui n'est plus en usage aujourd'hui, consistait à présenter d'abord une série de six degrés ascendents comme il suit: du premier au second degré un diaton, du second au troisième un sémi-diaton, du troisième au quatrième un diaton, de celui-ci au cinquième un autre diaton, du cinquième au sixième un sémi-diaton; ici s'arrê-

tait la progression ascendante. L'on descendait ensuite sans rien changer à l'ordre observé en montant, seulement arrivé à la note fondamentale, on fesait entendre après elle un sémi-diaton au dessous, puis on y remontait pour conclure.

Le seul inconvénient de cette formule est de n'avoir point l'étendue de l'octave, elle ne parcourt qu'une septième diminuée: néanmoins elle est si pure et si naive, elle présente une succession de tons si bien enchainés, elle donne à la sixte mineure une place si heureuse, enfin l'accident qui affecte la septième du ton se trouve si bien amené que je n'hésite pas à dire que de préférence à toute autre elle devrait être employée pour les démonstrations des élémens de la théorie musicale.

49. Daprès ce qui vient d'être dit, on voit que le mode mineur diffère du mode majeur.

(*a*) Dans l'ensemble de son échelle 1°. En ce que cette échelle n'est pas la même en descendant qu'en montant; 2°. En ce qu'elle ne saurait se diviser en tétracordes semblables; 3°. En ce que l'échelle du mode majeur est unique et invariable tandisque celle du mode mineur a plusieurs formes.

(*b*) Dans les détails de son échelle 1°. Par la tierce

qui est majeure dans le mode majeur et mineure dans le mode mineur. 2° Par la sixte qui dans le mode majeur est toujours majeure soit en montant soit en descendant et qui dans le mode mineur peut être mineure ou majeure en montant et est toujours mineure en descendant. 3° Enfin par la septième qui est toujours majeure dans le mode majeur et qui dans le mode mineur est majeure en montant et majeure ou mineure en descendant.

Les intervalles communs aux échelles des deux modes sont la seconde, la quarte, et la quinte. La note vraiment caractéristique du mode est la tierce qui seule dans la gamme mineure ascendante détermine le mode, puisque la sixte peut y être majeure et que la septième l'est toujours.

Les variations de la sixte et de la septième demeurent soumises à cette règle que la septième doit toujours être majeure en montant et la sixte toujours mineure en descendant.

50. La note fondamentale d'un mode quelconque majeur ou mineur, celle sur laquelle commence et finit l'échelle de ce mode, s'appelle *Tonique*. La quinte de celle-ci se nomme *Dominante* celle qui se trouve au dessous de cette dernière prend le nom de *Sous-dominante*. Ces notes, ainsi que la seconde appelée aussi *Sustonique* sont, comme on l'a vu, invariables dans les deux modes; la tierce de la

tonique prend le nom de *Médiante* ; la septième majeure s'appelle *Note Sensible* en tant qu'elle se porte vers la tonique. Les diverses notes de l'échelle s'appellent aussi première, seconde, troisième, quatrième etc. du ton.

51. Ce n'est pas au hasard que la gamme de *la* a été choisie pour primordiale du mode mineur. En effet si l'on jète un coup d'œil sur l'échelle de *la* mineur (46), on reconnait à l'instant qu'elle ne peut partir de tout autre point sans exiger pour l'exacte suite des diatons et semi-diatons de la gamme mineure des altérations d'un ordre différent de celles aux quelles est soumise en montant la gamme de *la* qui d'ailleurs dans sa forme la plus usitée n'en éprouve aucune en descendant.

La gamme de *la mineur* est donc l'échelle naturelle ou primordiale du mode mineur, comme la gamme d'*ut majeur* est naturelle ou primordiale du mode majeur.

52. En prennant pour note tonique ou fondamentale l'un quelconque des tons de la gamme diatonique et en établissant convenablement l'ordre des diatons et semi-diatons au moyen des dièses et bémols, on aura six nouveaux modes majeurs et autant de mineurs.

En altérant, au moyen du dièse, chacun des sept

tons, on obtiendra sept autres toniques et par conséquent sept autres modes majeurs et autant de mineurs.

En fesant subir aux sept tons une altération en sens contraire par la juxtapposition du bémol, on aura sept nouvelles toniques, autant dire sept nouveaux modes majeurs et le même nombre de modes mineurs.

Ce serait en tout quarante deux modes; mais comme à mesure que l'on s'éloigne du mode primordial les dièses ou les bémols deviennent de plus en plus nombreux ce qui rendrait l'exécution fort difficultueuse; comme d'un autre côté un nombre notable d'instrumens employent la même corde pour exprimer à la fois une note affectée du dièse et une autre note affectée du bémol, et qu'il résulterait de là un double emploi fort insignifiant comme on va le reconnaitre en examinant le tableau de tous les modes majeurs et mineurs que nous donnons à la page 48, on a rejeté un assez grand nombre de ces modes, ce qui a réduit ceux dans lesquelles on écrit habituellement d'abord à trente-quatre, puis à vingt-quatre, douze majeurs et douze mineurs; encore sur ces vingt-quatre modes n'en est il guère que seize dont on fasse un usage journalier et dans lesquels on écrive communément des pièces de musique entières: les autres ne sont le plus souvent employés que momentanément et par forme transitoire: du reste lorsque la chose est nécessaire il est permis au compositeur de traiter son morceau dans tel mode qui lui convient ; seulement on ne peut s'empêcher d'observer que c'est vraiment une affectation puérile et ridicule de surcharger la clef d'une quantité d'accidens : c'est certainement le moyen le plus sur de ne pas obtenir une bonne exécution. On n'en doit pas moins s'exercer à lire la musique écrite dans les modes peu usités afin de n'être pas pris au dépourvu s'il se présente quelque passage qui offre ce genre de difficulté.

53. Le tableau qui suit présente le mode primordial majeur et mineur surmontés chacun des huit modes transposés par dièses selon l'ordre des quintes ascendantes; au dessous se trouve pareil nombre de modes transposés par bémols selon l'ordre des quintes descendantes. Sur la colonne du milieu est indiqué le nombre de dièses ou de bémols que comporte chaque mode. Les dièses se placent comme on le voit de quinte en quinte en montant à partir du fa. Les bémols se posent de quinte en quinte en descendant à partir du si. A la suite de l'armure de chaque clef, on voit dans le tableau un trait de chant qui offre.

(*a*) La tonique ou finale.	(*d*) L'octave.
(*b*) La tierce ou médiante.	(*e*) La septième ou sensible.
(*c*) La quinte ou dominante.	(*f*) La quarte ou sous dominante.

TABLEAU

de tous les MODES MAJEURS et MINEURS

Usités et Inusités.

Modes transposés par dièses: Ordre de quintes ascend:

Modes majeurs.	Armure	Modes mineurs.
Sol ♯ maj: ou La ♭ maj:	Sept dièses et double dièse	Mi ♯ min: ou Fa mineur
Ut ♯ maj: ou Re ♭ maj:	Sept Dièses.	La ♯ min: ou Si ♭ min:
Fa ♯ maj: ou Sol ♭ maj:	Six Dièses.	Re ♯ min: ou Mi ♭ min:
Si Majeur.	Cinq Dièses.	Sol ♯ Mineur.
Mi Majeur.	Quatre Dièses.	Ut ♯ Mineur.
La Majeur.	Trois Dièses.	Fa ♯ Mineur.
Ré Majeur.	Deux Dièses.	Si Mineur.
Sol Majeur.	Un Dièse.	Mi Mineur.
Ut maj: mode nat: ou Primor:		La min: mode nat: ou Primor:
Fa Majeur.	Un Bémol.	Ré Mineur.
Si ♭ Majeur.	Deux Bémols.	Sol Mineur.
Mi ♭ Majeur.	Trois Bémols.	Ut Mineur.
La ♭ Majeur.	Quatre Bémols.	Fa Mineur
Ré ♭ Majeur.	Cinq Bémols.	Si ♭ Mineur.
Sol ♭ maj: ou Fa ♯ maj:	Six Bémols.	Mi ♭ min: ou Re ♯ min:
Ut ♭ maj: ou Si maj:	Sept Bémols.	La ♭ min: ou Sol ♯ min:
Fa ♭ maj: ou Mi maj:	Sept Bémols et double ♭.	Ré ♭ min: ou Ut ♯ min:

Modes transposés par bémols. Ordre de quintes descend:

Modes transposés par dièses. Ordre de quintes ascendantes.

Modes transposés par bémols. Ordre de quintes desc:

54. Voici maintenant une réduction de ce tableau nous n'y avons fait entrer que les modes dont l'usage est continuel et dont on doit acquérir l'habitude soit pour le chant, soit pour les instrumens.

	Modes majeurs.						Modes mineurs.					
	Tonique	tierce	quinte	quarte	sensible	Nombre de Dièses ou Bémols	Tonique	tierce	quinte	quarte	sensible	
	Mi	Sol ♯	Si	La	Ré ♯	4 Dièses						
Modes Transposés.	La	Ut ♯	Mi	Ré	Sol ♯	3 Dièses						
	Ré	Fa ♯	La	Sol	Ut ♯	2 Dièses	Si	Ré	Fa ♯	Mi	La ♯	Modes Transposés.
	Sol	Si	Ré	Ut	Fa ♯	1 Dièse	Mi	Sol	Si	La	Ré ♯	
Mode Naturel, ou Primordial.	UT	MI	SOL	FA	SI		LA	UT	MI	RE	SOL ♯	Mode Naturel, ou Primordial.
	Fa	La	Ut	Si ♭	Mi	1 Bémol	Ré	Fa	La	Sol	Ut ♯	
Modes Transposés.	Si ♭	Ré	Fa	Mi ♭	La	2 Bémols	Sol	Si ♭	Ré	Ut	Fa ♯	Modes Transposés.
	Mi ♭	Sol	Si ♭	La ♭	Ré	3 Bémols	Ut	Mi ♭	Sol	Fa	Si ♮	
	La ♭	Ut	Mi ♭	Ré ♭	Sol	4 Bémols	Fa	La ♭	Ut	Si ♭	Mi ♮	

55. On voit que chaque mode majeur marche accompagné d'un mode mineur: la clef de ce dernier est armée du même nombre d'accidens, ces deux modes s'appellent réciproquement *relatif* l'un de l'autre. La tonique du relatif mineur se trouve toujours une tierce mineure plus bas ou une sixte majeure plus haut que la tonique du mode majeur. Ainsi le mode mineur relatif d'*ut majeur* est *la mineur* : le relatif de *sol* est *mi mineur* etc. Quant on désigne un mode sans indiquer s'il est majeur ou mineur, c'est d'ordinaire du mode majeur qu'il est question. Il est facile de fixer dans sa mémoire le nombre de dièses ou de bémols qui convient à chaque mode et de dire à l'inspection d'un morceau de musique nous avons deux dièses à la clef en conséquence nous sommes en *ré majeur* ou en *si mineur* ; nous avons trois bémols ainsi nous sommes dans l'un des modes de *mi* ♭ *majeur* ou d'*ut mineur*. Les personnes qui ne se fieraient pas à leur mémoire peuvent employer le moyen suivant: il va sans dire que lorsqu'il n'y a *rien à la clef* on est en *ut majeur* ou en *la mineur.* Pour les *clefs diesées*, il suffit de regarder le dernier dièse qui est forcément la note sensible du mode d'où l'on conclut que la tonique se trouve un sémi diaton plus haut. Ainsi ayant trois dièses à la clef et le dernier se trouvant sur le sol on conclud que l'on est en *la majeur* ou *fa* ♯

mineur parceque le *sol* ♯ est nécessairement la sensible du mode de *la*. Quant aux clefs bémolisées il suffit de se souvenir qu'avec un seul bémol à la clef on est en *fa majeur* ou en *ré mineur*. Quand il y a plus d'un bémol, la tonique du mode majeur est toujours la note sur laquelle est posée l'avant dernier bémol. Ainsi lorsqu'il y a trois bémols à la clef, l'avant dernier se trouvant sur le *mi* on peut être assuré que la pièce de musique est en *mi* ♭ *majeur* ou en *ut mineur*.

56. Ici se présente une difficulté de quelque importance. Comment distinguer si le mode est majeur ou mineur? voici à cet égard la méthode la plus sure: dans toute pièce de musique, il est bien rare que dès les premières notes la sensible ne se fasse pas entendre; or l'on a du remarquer que cette note dans les modes mineurs est toujours indiquée par un accident; c'est cet accident qu'il faut chercher et s'il apparait dans les premières mesures on sera dans un mode mineur dont la tonique se trouvera d'un semi-diaton plus haute que la sensible. On peut encore regarder la note finale du morceau qui est toujours la tonique; toute fois ce moyen ne serait pas sur dans une pièce à plusieurs parties où la basse seule est tenue de terminer par la tonique. Avec un peu d'habitude on distinguera tout de suite par la tournure du chant si le morceau est majeur ou mineur,

bien plus sûrement encore que par les règles que nous venons d'établir et que par d'autres que nous pourrions donner.

57. Ce mot *mode* indique donc en musique une ordonnance de tons disposés respectivement à l'un d'entre eux pris pour base. Dans la musique moderne il y a deux modes, le mode *majeur* et le mode *mineur*.

L'échelle du mode majeur est composée de huit tons séparés par cinq diatons et deux sémi-diatons, ceux ci se trouvent du troisième au quatrième degré et du septième au huitième. L'échelle du mode mineur, au lieu d'avoir le premier sémi-diaton du troisième au quatrième degré, le présente entre le second et le troisième qui forme avec la note fondamentale une tierce mineure; d'après l'usage le plus généralement adopté, la gamme se continue en montant jusqu'au huitième degré exactement comme la gamme majeure: en descendant, on fait des intervalles de diaton du huitième au septième degré et de celui-ci au sixième; du sixième au cinquième l'on ne fait qu'un sémi-diaton; le reste de la gamme descendante se fait de même qu'en montant. La note caractéristique du mode mineur est la tierce qui ne subit aucune variation soit que l'on monte soit que l'on descende.

L'échelle d'*ut majeur* est *naturelle* ou *primordiale* du mode majeur; celle de *la mineur* est *naturelle* ou *primordiale* du mode mineur. Pour obtenir de nouveaux modes qui s'éloignent de plus en plus des modes primordiaux, on place des dièses de quinte en quinte ascendante ou des bémols de quinte en quinte descendante.

Tout mode majeur a un mode mineur affecté d'un même nombre d'accidens que lui, on appelle chacun d'eux *relatif* de l'autre. (*)

CHAPITRE SEPTIEME.

Des Genres en musique.

58. Jusqu'à présent nous avons pris pour base de toute la doctrine musicale une gamme procédant par diatons et sémi diatons, c'est pourquoi il a pu nous arriver d'appeler cette gamme *Echelle diatonique* par la raison que les distances parcourues par la voix procèdent par degrés, c'est-à dire qu'il faut pour offrir quelque chose de nouveau à l'oreille que la voix quitte le degré où elle se trouve pour exprimer un ton placé sur un degré différent. Ces successions de diatons et sémi-diatons posés sur des degrés différens constituent le *genre diatonique*. C'est dans le genre diatonique procédant tant par degrés *conjoints* que par degrés *disjoints* que l'on rencontre les progressions les plus naturelles, les intonations les plus faciles, aussi ce genre, modifié d'ailleurs et mélangé d'un

---

(*) On trouvera des exercices sur tous les modes majeurs et mineurs dans la Méthode concertante pages 218. et suiv: Le même ouvrage contient aussi quelques leçons sur les modes antiques pages 201 et suiv:

autre genre dont nous parlerons bientôt, sera toujours le plus usité et probablement même le seul usité, dans le système musical des Européens.

59. Le dièse et le bémol servent comme on l'a vu (28 et 29.) pour élever ou pour abaisser la note d'un sémi-diaton. Or si après avoir exprimé l'*ut* première note de l'échelle nous produisons la même note altérée au moyen du dièse puis le *re*, puis le *re* ♯ et que nous continuions ainsi en évitant toutefois de diéser le *mi* et le *si* lesquels ne sont separés de la note qui les suit immédiatement que par un sémi-diaton, nous obtiendrons une gamme d'un nouveau genre.

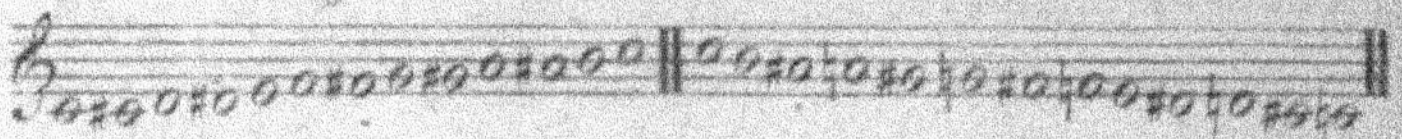

Au moyen de l'altération par bémol nous obtiendrons une gamme de même genre, mais d'une disposition différente.

Ces successions de notes naturelles et de notes alterées donnent naissance aux échelles du genre chromatique. Nous allons expliquer dans l'instant la signification de ce dernier mot. (★)

(★) On trouve des exercices du genre chromatique dans la Méthode concertante de Mr. CHORON pages 323, et suiv:

60. On doit se rappeler que l'intervalle que nous nommons *sémi-diaton* n'est point la moitié exacte du diaton (11) et que du *mi* au *fa* comme du *si* à l'*ut*, il n'y a que quatre *Commas*, autrement quatre des neuf parties qui composent le diaton. Il en est évidemment de même de l'*ut* ♯ au *re*, du *re* ♯ au *mi* etc. si donc de l'*ut* au *re* il y a un diaton et de l'*ut* ♯ à ce même *re* quatre commas ou neuvièmes de diaton, il devra y avoir une distance de cinq commas ou neuvièmes de diaton de l'*ut* à l'*ut* ♯. C'est cette plus grande moitié du diaton qui s'appellait chez les Grecs *Chrôme* d'un mot qui signifie *couleur*, parceque pour le *genre chromatique*, on se servait de caractéres coloriés. Ce genre consiste comme on vient de le voir dans des successions de chrômes et de sémi diatons dont l'échelle peut se former de deux maniéres 1.° Le chrôme d'abord puis le sémi-diaton quand l'altération a lieu par dièses, 2.° Le sémi-diaton suivi du chrôme quand l'altération a lieu au moyen des bémols. On remarquera que les sémi-diatons se trouvent toujours entre deux notes de degrés differens, tandisque les chrômes sont toujours sur un même degré.

Ce genre ne s'emploie pas isolément dans un passage de quelque étendue ; mais il se mêle avec avantage au genre diatonique auquel il donne une agréable variété, il est surtout d'un grand secours dans les morceaux à plusieurs parties en ce qu'il adoucit et facilite les modulations ou passages d'un mode à un autre.

Par une inexplicable absurdité, les praticiens ont appelé le sémi-diaton *demi-ton majeur* et le chrôme *demi-ton mineur* : c'est absolument comme si l'on disait que d'un corps divisé en neuf parties de poids égal quatre peseraient plus que cinq ; il est inconcevable qu'une telle sottise se répète depuis si long tems. Tous les professeurs devraient s'entendre pour bannir de la langue une locution ridicule, si bien faite pour donner aux gens mal prévenus une idée désavantageuse du savoir et du jugement des musiciens.

61. Il nous reste à parler du troisième genre appellé *genre enharmonique*. Il consiste à faire entendre après une note altérée par le dièse une autre note altérée par le bémol qui ne diffère de la première que d'un comma et réciproquement ; comme *ut* ♯ - *re* ♭, *sol* ♭ - *fa* ♯ etc.

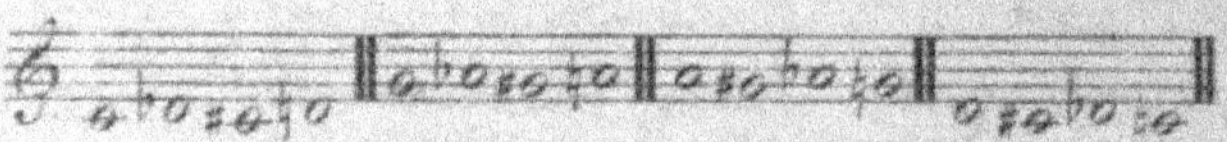

La manière la plus ordinaire d'employer l'enharmonique est en quelque sorte factice en raison de la construction de nos instrumens. Cette manière consiste à substituer aux dièses les bémols analogues et *vice versa* lorsqu'il en résulte une diminution dans le nombre des accidens, et que par conséquent la notation se trouve ainsi simplifiée. Par exemple au lieu du mode d'*ut* ♯ qui a sept dièses à la clef, on emploie le mode de *re* ♭ qui n'a que cinq bémols et qui peut en perdre quelques uns par les modulations accidentelles, lesquelles au contraire, en suivant l'ordre ordinaire, introduiraient de nouveaux dièses dans le mode d'*ut* ♯ et rendraient par conséquent la notation plus embarrassante.

Le genre enharmonique pourrait à toute force s'employer réellement et d'une manière fort sensible à l'oreille. Se propose-t-on par exemple de passer par enharmonique du *sol* au *la*; il s'agit d'y introduire *sol* ♯ et *la* ♭ comme le *la* ♭ se trouve plus bas que le *sol* ♯, il devra se faire entendre le premier et les quatre sons se succéderont dans cet ordre: *sol*, *sol*♭, Sol ♯, La ♮. Dans cette succession l'intervalle enharmonique se trouve en montant de *sol* ♭ à *fa* ♯.

L'intonation de cet intervalle présente quelque difficulté; mais on peut l'obtenir par le procédé suivant: après avoir bien établi l'intonation de *sol*, on passera à *la* ♭ ce qui n'a aucune difficulté, cet intervalle étant semblable à *mi-fa*. Le *la* tend à revenir à *sol*; mais si en tenant ce son, on change d'intention et qu'on pense à monter au *la* ♮ la voix s'élèvera naturellement et passera au *sol* ♯: dans cette transition l'intervalle enharmonique ascendant aura été effectué. On emploiera le procédé inverse pour l'enharmonique descendant. (★)

(★) CHORON est le premier qui ait fourni ce moyen de pratiquer l'enharmonique. On trouve des leçons sur ce genre dans sa Méthode concertante pages 327 et suiv.

Du reste il ne se présente presqu'aucune occasion de se servir de l'enharmonique de cette manière.

62. Ici finit tout ce qui a rapport au ton qui est comme l'on sait la première et la plus sensible des modifications du son. Après avoir établi la distinction du grave et de l'aigu, nous avons donné les moyens de représenter à l'intelligence les différentes séries des tons de la musique. Nous les avons tous écrits sur une portée de cinq lignes au moyen de zéros qui ont suffi pour rappeler à notre* mémoire la suite des sons musicals. Au moyen des signes déjà connus nous pouvons exécuter diverses mélodies pourvu qu'elles soient conçues de telle manière que les durées de chaque note soient égales entr'elles; les mélodies de ce genre (le plainchant) ne tardent pas à fatiguer par leur monotonie.

Cette monotonie disparaitra si à la variété qui résulte du mélange rationnel des tons graves et aigus nous joignons la variété dans les durées.

L'étude des signes destinés à exprimer ces durées et des combinaisons qui en résultent sera l'objet de notre seconde section.

DEUXIÈME SECTION
SIGNES de DURÉE.

CHAPITRE HUITIÈME
De la figure des notes.

63. Si nous supposons que pendant la durée d'un son musical le balancier d'une pendule fasse quatre oscillations, il est évident que pendant la moitié de cette durée, il ne fera que deux oscillations, que pendant le quart il n'en fera qu'une. C'est une idée que l'on doit toujours avoir présente à l'esprit en examinant la durée d'un son relativement à un autre.

Si donc nous prenons la figure que nous connaissons déja (le zéro incliné) et que nous considérions sa durée habituelle comme devant équivaloir aux quatre oscillations de notre balancier, nous aurons l'*unité rhythmique* ou *Ronde* qui dans la musique moderne est le type de la durée, c'est-à-dire la durée première, celle qui sert de point de comparaison à toutes les autres durées plus grandes ou plus petites qu'elle ; de même que, comme on l'a vu, (13) le *diaton* est l'intervalle premier qui sert à mesurer tous les autres plus grands ou plus petits que lui.

Seulement on remarquera que le type tonal ou diaton est choisi parmi les intervalles les plus petits tandisque le type de durée ou ronde est pris parmi les durées les plus grandes ; ce choix s'explique facilement par la difficulté que l'on éprouverait à opérer sur de trop grands intervalles et sur de trop courtes durées.

64. La ronde étant établie type de toute durée musicale, si nous prenons la moitié de cette durée qui équivaudra à deux oscillations de notre balancier (63) nous nous servirons pour l'exprimer d'un signe semblable à la ronde, mais accompagné d'un *trait* ou *queue*, qui se tourne indifféremment en haut ou en bas, cette figure s'appellera Blanche, 𝅗𝅥 Le nouveau signe sera la moitié du premier et par conséquent la réunion de deux de ces nouveaux signes ou blanches correspondra exactement à la valeur du premier ou ronde, c'est-à-dire à quatre oscillations du balancier.

Le signe équivalant au quart de l'unité rhythmique c'est-à-dire à une seule des vibrations du balancier consiste en un fort point accompagné d'une queue; on l'appelle *noire* 𝅘𝅥. Sa durée équivaut à la moitié d'une blanche, ou au quart d'une ronde; réciproquement deux noires ensemble sont de même durée qu'une blanche, quatre de même durée qu'une ronde.

Maintenant, si pendant une oscillation d'une pendule nous fesons passer deux tons d'égale durée, nous obtiendrons une nouvelle classe de notes à laquelle nous donnerons la figure de la noire avec un crochet à l'extrémité du trait ou queue, ce nouveau signe se nomme croche, il équivaut à la moitié d'une noire, au quart d'une blanche, au huitième d'une ronde et par conséquent, il faudra deux croches pour remplir le tems d'une noire, quatre pour une blanche, huit pour une ronde.

Si pendant l'une des oscillations nous voulons faire passer quatre tons égaux en durée nous nous servirons de la précédente figure en doublant le crochet et nous appellerons ce nouveau signe *double croche* il sera la moitié de la croche, le quart de la noire, le huitième de la blanche, le seizième de la ronde et par conséquent, il faudra deux, quatre, huit, seize doubles croches pour le tems, d'une croche, d'une noire, d'une blanche, d'une ronde.

Nous pouvons par le même procédé obtenir une valeur de moitié moindre en durée que la double croche, nous l'appellerons *triple croche* en raison du troisième cruchet que l'on ajoute à la croche

Ce nouveau signe équivaut quant à la durée à la moitié de la double croche et par conséquent, il en faut deux pour remplir le tems de la double croche, quatre pour la croche etc.

Nous aurons enfin un signe appellé *quadruple croche* qui portera quatre crochets à son extrémité et aura moitié de la durée de la triple croche.

Au besoin l'on pourrait aller plus loin et former de la sorte la quintuple, la sextuple croche, etc.

Lorsque plusieurs croches simples, doubles, triples etc. se suivent, on les réunit ensemble par un trait s'il sagit de simples croches par deux traits si les croches sont doubles, par trois si elles sont triples etc.

65. Ainsi la durée de la ronde renferme celle de deux blanches, ou de quatre noires, ou de huit croches, ou de seize doubles croches, ou de trente deux triples croches ou de soixante quatre quadruples croches et réciproquement. De même la durée de la blanche renferme celle de deux noires ou de quatre croches, ou de huit doubles-croches, ou de seize triples-croches ou de trente deux quadruples-croches. Et ainsi de suite.

Nous donnons ci-contre le tableau des signes de durée, en lisant ce tableau de haut en bas, on voit comment la ronde va se divisant par moitiés, quarts, huitièmes etc. En le prenant de bas en haut on comprend comment ces diverses fractions peuvent se combiner entr'elles pour former la ronde ou unité rhythmique après en avoir composé successivement les diverses parties.

C. 37.

TABLEAU DES VALEURS
de durée.

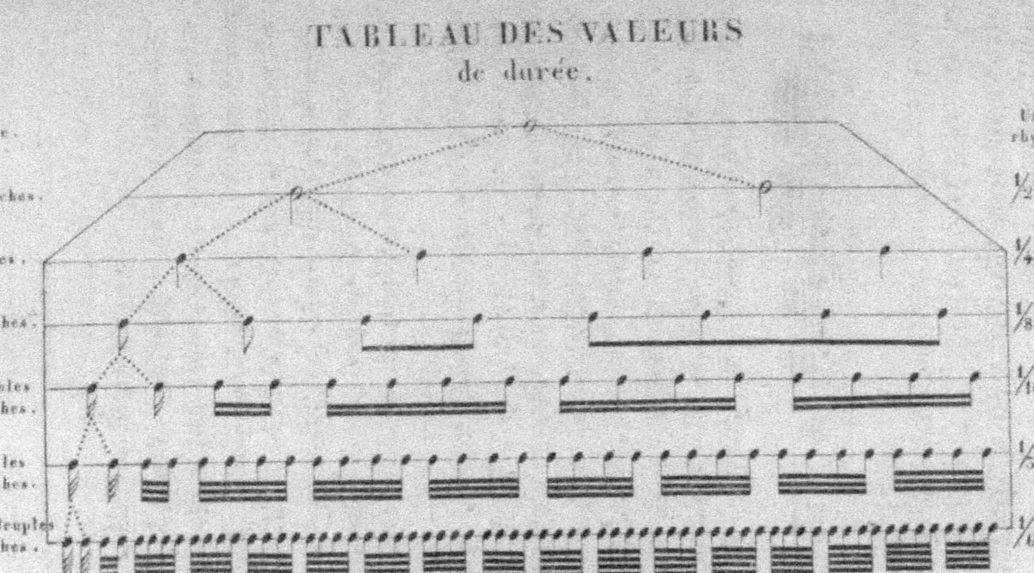

66. Dans l'ancienne musique, la ronde n'était pas la durée la plus longue qui put être employée, on se servait de trois autres notes qui allaient se redoublant en partant de la ronde alors appelée *Semibrève*.

Ces notes étaient la *brève* équivalant à la durée de deux rondes, la *longue* équivalant à la durée de deux brèves, la *maxime* équivalant à la durée de deux longues.

Voici la série des signes de durée anciens et modernes :

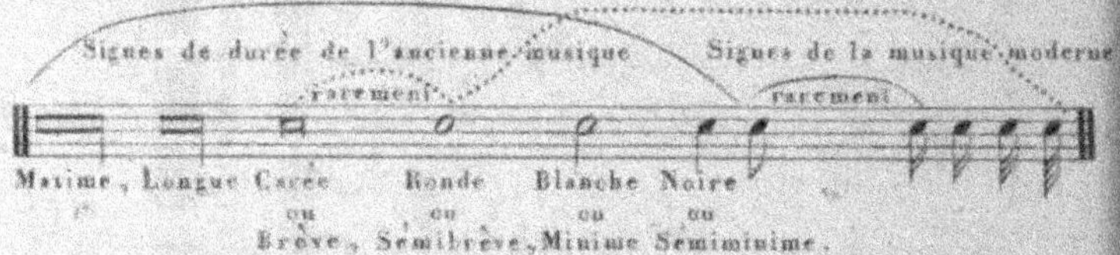

On voit que l'ancienne musique n'admettait pas de durée moindre que la croche, la double croche y étant une exception extrêmement rare, et qu'au contraire la musique moderne ne reconnait pas de valeur plus forte que la ronde. La Maxime et la Longue sont absolument hors d'usage : la Brève s'emploie encore quelque fois dans la musique d'église pour une certaine mesure dont nous parlerons (74.) On la nomme aussi *Carrée* en raison de sa forme et par opposition à la ronde. Les anciens appelaient la blanche *Minime* et la noire *Sémiminime* en France ces dénominations ont vieilli.

CHAPITRE NEUVIÈME.

Des signes de silence.

67. C'est autant pour introduire de la variété dans les compositions musicales que pour donner aux exécutans le tems de reprendre haleine qu'ont été imaginés les signes de *silence* ; ils sont en même nombre que les signes de durées et chacun d'eux correspond exactement à l'un des signes expliqués dans le chapitre précédent.

Le silence équivalant à la ronde, soit à quatre oscillations d'un pendule s'appelle *pause* et se représente par un trait fort court que l'on place au dessous d'une des lignes de la portée à laquelle il se trouve comme suspendu.

A la blanche correspond la *demi-pause* qui à la même forme que la pause, mais se place au dessus de la ligne.

A la noire correspond le *soupir* qui est le quart de la pause ; sa figure est à peu près celle d'un 7 renversé.

A la croche correspond le *demi-soupir* qui est le huitième de la pause ; il a quasi la forme d'un 7.

A la double-croche correspond le *quart-de-soupir*,

qui est le seizième de la pause et se représente par un 7 à double tête 𝄿.

A la triple-croche correspond le *demi quart de soupir* ou *huitième de soupir* qui est la trente deuxieme partie de la pause ; c'est un 7 à trois crochets 𝅀.

A la quadruple-croche correspond le *seizième de soupir*, soixante quatrième partie de la pause, on le figure par un 7 à quatre crochets 𝅁.

Nous donnons ci-contre un tableau comparatif des signes de durée et des signes de silence qui indique au premier coup d'œil la valeur de ces signes, leurs subdivisions et leurs rapports.

Voici d'abord séparément le tableau des signes de silence :

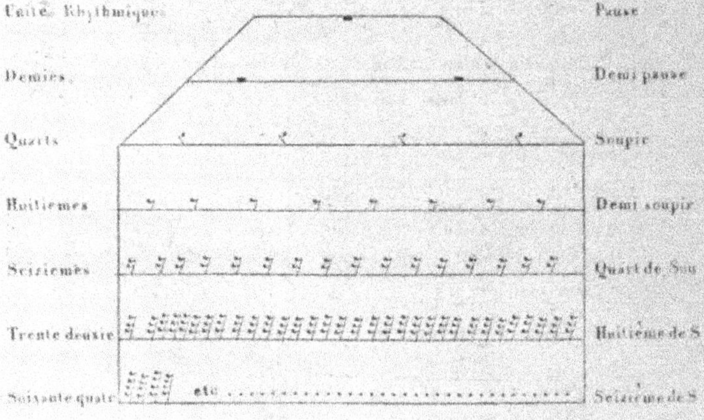

TABLEAU SYNOPTIQUE
Des Valeurs
de Durée et des Silences.

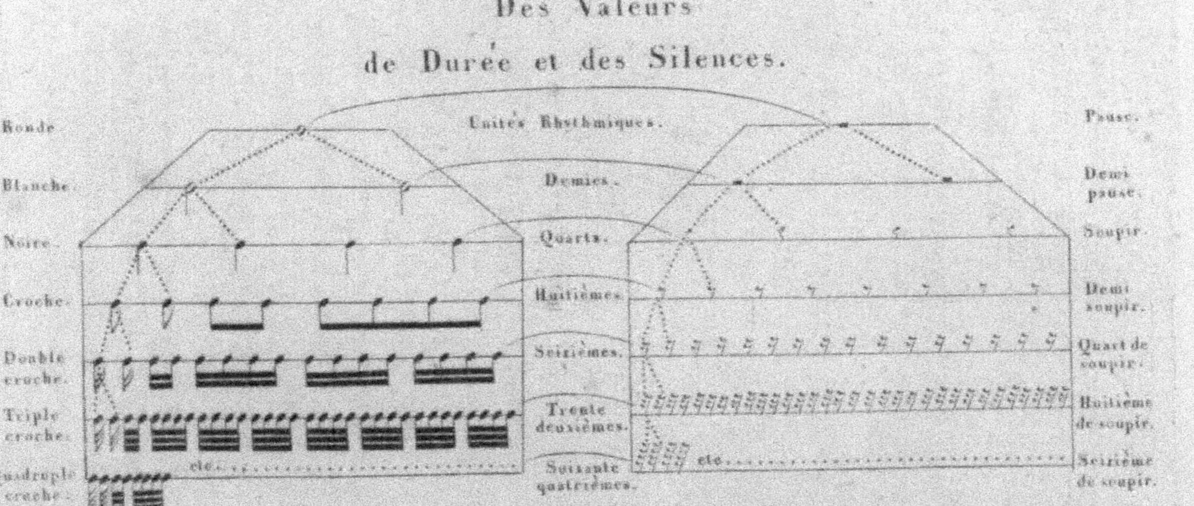

68. La pause à la propriété particulière de s'employer pour le silence d'une *mesure* entière (On verra plus loin ce que c'est) toute les fois que cette mesure ne renferme pas une valeur de durée plus grande que celle d'une ronde suivie d'une blanche.

En réunissant la pause et la demi-pause de manière à ce que ces deux signes se touchent et occupent l'espace compris entre deux lignes, on obtient une figure qui a la valeur de deux pauses et que l'on nomme *bâton de deux mesures* ou de *deux pauses*.

En prolongeant ce bâton dans l'espace suivant on obtient un *bâton de quatre pauses*

lequel se redouble si l'on veut former le *bâton de huit pauses*

Ces signes qui correspondaient à la brève à la longue et à la maxime ne s'emploient plus que rarement à l'exception du premier. Lorsqu'une partie doit compter un certain nombre de pauses, on tire un trait oblique dans les lignes de la portée et au dessus l'on écrit en chiffres le nombre de pauses qui doit être compté.

27

Lorsque dans la musique à plusieurs parties une voix ou un instrument doit se taire durant tout un morceau on l'indique par le mot latin *tacet*: *trio tacet*. Benedictus *tacet*. *tacet jusqu'à la fin*.

CHAPITRE DIXIÈME

Du point augmentatif.

69. Le point placé à la droite d'une note indique que cette note doit être prolongée de la moitié de sa durée ordinaire: ainsi la blanche, moitié de la ronde, ayant une durée équivalente à deux oscillations de pendule, aura cette durée égale à trois oscillations si elle est suivie d'un point; elle aura par conséquent la valeur d'une blanche suivie d'une noire, ou de trois noires. Une noire pointée aura la durée d'une noire suivie d'une croche ou de trois croches* etc.

Il en est de même des silences; la demi pause pointée (on en fait peu d'usage) équivaut à trois soupirs, le soupir à trois demi-soupirs. etc.

La ronde et la pause pointées ne sont plus employées depuis qu'elles sont devenues les plus longues des figures de durée et de silence.

70. On trouve fort souvent dans la musique moderne des notes suivies de deux points; en ce cas, le second point augmente la valeur du premier dans le même sens que celui-ci avait augmenté la durée de la note. Une blanche suivie de deux points équivaudra par conséquent à une blanche, une noire et une croche ou sept croches, etc Il n'est pas d'usage d'employer le double point après les silences, cependant cela peut se faire.

CHAPITRE ONZIEME.

De la Mesure.

71. Outre le partage ordinaire du discours en périodes et phrases plus ou moins étendues, toute pièce de poésie peut se diviser en vers, lesquels sont formés de pieds qui se soudivisent eux même en syllabes: ces vers, ces pieds, ces syllabes occupent un tems donné dans la déclamation et l'observation des règles qui président à leur arrangement constitue la partie mécanique de la poésie; en effet le retour cadencé d'une ou de plusieurs combinaisons auxquels ces règles donnent lieu est la source du rhythme et de l'harmonie poétique. Il en est de même en musique: la *mesure* est la règle qui établit le rapport des sons entr'eux quant à leur durée. C'est dans ce sens que l'on dit *Aller en mesure, marquer la mesure*, c'est-à-dire observer dans l'exécution de la musique les lois qui régissent la durée des sons mis en contact les uns avec les autres et imprimer à ces sons l'accent rhythmique qui fait sentir à l'auditeur le commencement, le développement, la terminaison, le retour périodique du vers musical.

72. Les pieds du vers musical prennent le nom de *tems*. La musique moderne admet trois espè-

ces de mesures. La mesure *binaire*, ou mesure à deux tems; la mesure *ternaire*, ou mesure à trois tems, enfin la mesure *quaternaire*, ou mesure à quatre tems.

Ces trois sortes de mesures sont basées sur la division de la ronde ou unité rhythmique en deux trois ou quatre parties égales.

Il est évident que la ronde étant prise pour unité de mesure toutes ses subdivisions pourront trouver place pourvu que ces valeurs aient été combinées de telle manière que leurs sommes se réduisent continuellement en successions de rondes. (★) Ces notes formeront d'abord des *tems* qui à leur tour formeront des *mesures* et le retour perpetuel de celles ci auquel l'oreille de l'auditeur s'habitue facilement, donnera aux tons qui se succèderont l'accent et l'expression qui constituent le *Vers musical*.

75. Pour se rendre plus aisément compte de la distribution des diverses fractions de la ronde dans chaque tems; on marque les tems de la mesure soit avec la main, soit avec le pied et l'uniformite isochronique (c'est-à dire semblable en durée) de ce geste, qui n'est autre chose qu'un mouvement mé-

(★) Cette proposition ne parait immédiatement applicable qu'aux divisions binaires et quaternaires, mais lorsque l'une de ces deux est bien conçue on trouve aisément le moyen d'expliquer les mesures ternaires par un procédé analogue.

canique imprimé au corps par l'intelligence, contribue à entrainer l'exécutant, à l'empêcher d'introduire dans chaque tems plus de notes qu'il n'en faut ou de ne pas y en faire entrer assez, comme aussi à donner à chaque note de chacun des tems une durée convenable.

Ce que la main, le pied nous rappellent par une impulsion mécanique à la quelle notre intelligence se soumet, est indiqué à nos yeux au moyen des lignes verticales qui traversent la portée et que nous avons déjà eu occasion d'observer (30). Toutes les sommes de notes renfermées entre deux de ces barres doivent être semblables. Cette somme par abus de langage s'appelle aussi une *mesure*

La somme que doit renfermer chaque case est indiquée à la suite de l'armure de la clef par des signes et chiffres dont on verra plus bas l'énumération quand nous traiterons de chaque mesure en particulier.

La somme des notes placées entre la clef et la première stanguette peut ne pas former par elle même une mesure entière, elle trouve son complément dans la dernière mesure du morceau qui par conséquent doit aussi dans ce cas être incomplète.

La première et la dernière mesure de toute pièce de musique se completent donc l'une l'autre.

Il est très important de remarquer que les tems d'une mesure se ressemblent tous quant à la durée mais non quant à la force ou puissance rhythmique en sorte que certains tems se sentent plus que d'autres: voici à cet égard le principe que l'on peut poser: quelque soit la mesure, le premier tems, celui qui se trouve immédiatement après la stanguette ou barre verticale, est toujours *tems fort* c'est-à-dire plus fortement senti, plus vigoureusement articulé que les autres.

Les mesures sont simples ou composées.

De toute mesure simple on peut former une mesure composée en augmentant chaque tems de la moitié de sa durée.

74. Toute mesure formée par la division binaire se marque au premier tems par l'abaissement de la main ou du pied, au second par leur élévation.

Second tems.	2 ou levé	de la mesure.
Premier tems	1 ou frappé	

Le premier tems est toujours au frappé, le second toujours au levé de la mesure.

Le premier tems est fort, le second, faible.

La plus grande valeur de durée qui puisse entrer dans chaque tems de la mesure binaire simple est une blanche.

La mesure simple à deux tems est indiquée par un 2 ou par une sorte de C barré qui se place après la clef. On devrait s'abstenir de l'emploi du ₵ barré pour la musique moderne; ce signe ne convient qu'à une autre mesure qui aujourd'hui n'est plus usitée que dans la musique d'Eglise et dont se servent fort peu de compositeurs. Nous voulons parler de la mesure dite *alla breve* dans laquelle l'unité de mesure renfermée entre les deux stanguettes ou barres de mesure est une brève ou carrée. Cette mesure se marque communément en battant et levant sur chaque ronde, c'est-à-dire en frappant deux fois entre chacune des sections rhythmiques; alors, sauf la division par rondes qui n'est pas écrite sur le papier, cette mesure est absolument la même que la précédente.

De chaque tems de la mesure binaire, on a formé une autre mesure qui est par conséquent la moitié de la précédente. On l'appelle mesure à deux-quatre et on l'annonce à la clef par un 2 placé au dessus d'un 4.

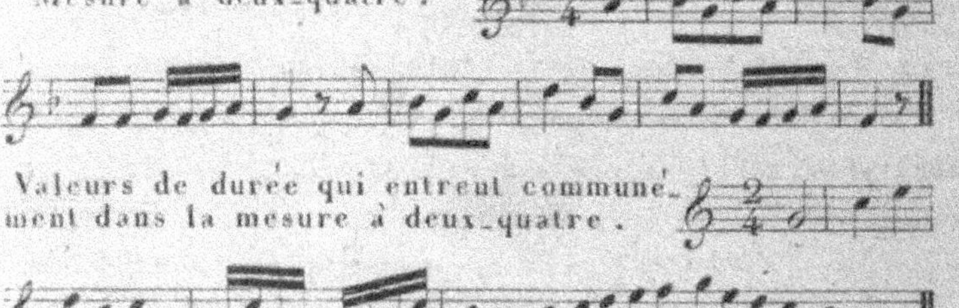

Mesure à deux-quatre.

Valeurs de durée qui entrent communément dans la mesure à deux-quatre.

Il est évident que les chiffres $\frac{2}{4}$ ne sont autre chose qu'une fraction dans laquelle le dénominateur 4 indique que l'unité, qui est ici la ronde, a été divisée en quatre parties et le numérateur 2 annonce que l'on a pris deux de ces parties pour former la nouvelle mesure. Cette observation devra s'appliquer également à plusieurs des articles suivants.

Nous ne parlons pas d'une autre petite mesure à deux-huit formée d'un des tems de la mesure à deux-quatre. On ne s'en est presque jamais servi. Chacun de ses tems est formé d'une croche ou huitième de ronde.

75. Si des mesures simples à deux et à deux-quatre nous voulons faire des mesures composées, nous augmenterons chaque tems de la moitié de sa durée; nous obtiendrons ainsi la mesure à *six-quatre* composée de six noires ou six quarts de ronde, dérivée de la mesure à deux; et la mesure à *six-huit* composée de six croches ou huitièmes de ronde dérivée de la mesure à deux-quatre.

La mesure à six quatre a vieilli et l'on ne s'en sert plus que pour des pièces d'étude ou fort rarement dans des morceaux d'Eglise. La plus longue valeur qui puisse se rencontrer sur chaque tems est une blanche pointée. Voici un motif de fugue écrit dans cette mesure.

CHERUBINI.

Mesure à six-quatre.

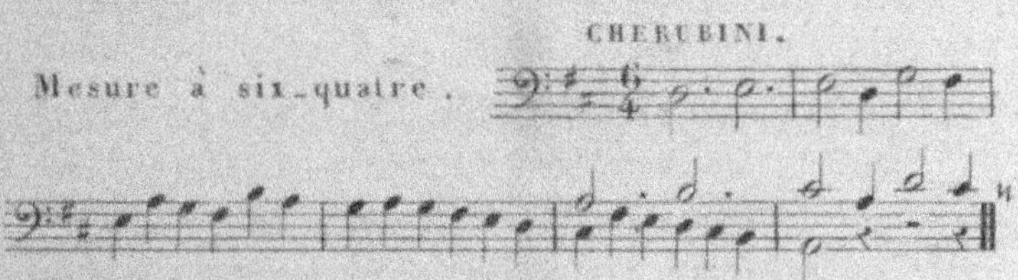

La mesure à six huit est fort usitée; la plus forte valeur qui puisse se rencontrer sur un de ses tems est la noire pointée et pour toute la mesure la blanche pointée.

PAISIELLO.

Mesure à six-huit.

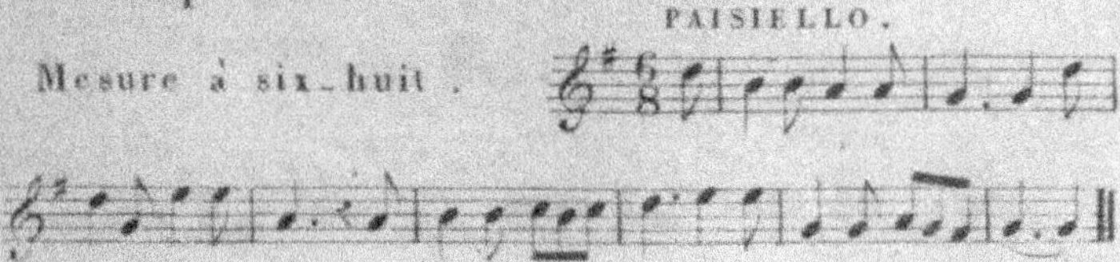

Valeurs de durée qui entrent communément dans la mesure à six-huit

Lorsque le mouvement d'un morceau à six-huit doit être très lent, et qu'il se montre chargé de beaucoup de notes, il est bon pour mieux répartir ces diverses valeurs de subdiviser chacun des tems en tiers et l'on peut alors marquer ces subdivisions par de très petits mouvemens tant au levé qu' au frappé.

123

Second tems 2 ou levé de la mesure.

Premier tems 1 ou frappé de la mesure.

123

On reconnaîtra, qu'il y a de l'avantage à employer ce moyen si l'on en fait l'essai sur les quatre mesures ci-dessous qui cependant ne sont pas des plus compliquées

MAZZONI.

Mesure à six-huit.

Pour ce qui est d'une mesure à *six-seize* moitié de la précédente, nous renvoyons à ce que nous avons dit il y a un instant de la mesure à *deux huit*.

76. Toute espèce de mesure ternaire se marque 1° en abaissant la main 2° en la portant vers la droite, 3° en la levant: ainsi le premier tems se trouve au frappé, le second au tourné, le troisième au levé de la mesure.

En Italie on frappe les deux premiers tems et on lève sur le troisième.

Chacun peut choisir la manière qu'il préfèrera; le geste n'étant ici comme nous l'avons déja dit qu'une circonstance, qu'un moyen mécanique imaginé pour venir en aide à l'intelligence du chanteur ou de l'exécutant, l'habituer à la précision et l'empêcher de s'égarer.

Le premier tems est, selon nous, le seul tems fort de la mesure ternaire, beaucoup de professeurs donnent la même qualité au troisième tems; mais nous croyons qu'ils se trompent: le troisième tems est à la vérité moins faible que le second, mais il ne nous parait pas assez consistant pour être regardé comme tems fort.

La mesure commune à trois tems s'indique par le chiffre 3, ou par ce chiffre accompagné d'un 4, $\frac{3}{4}$ ce qui fait voir qu'elle se compose de trois noires ou quarts de ronde chacune formant un tems.

On employait autre fois des mesures à *trois-un* et à *trois-deux* $\frac{3}{1}$ $\frac{3}{2}$; elles sont presque entièrement rejetées ; la première est absolument hors d'usage et nous n'en parlons que pour mémoire, la seconde ne se voit plus depuis le commencement du siècle ; mais d'un autre coté, l'on a tiré de la mesure à trois-quatre une mesure plus petite qui, au lieu de former des tems de noires ou quarts de ronde, les compose de croches ou huitièmes. La mesure à trois-huit se marque par les chiffres $\frac{3}{8}$ qui portent avec eux leur signification.

On a eu aussi la fantaisie de former une mesure à *trois-seize* moitié de la précédente, il n'y a pas lieu de s'en occuper, puisqu'elle n'est pas en usage.

77. En augmentant de moitié la valeur de durée de chaque tems ou noire de la mesure à trois quatre, nous obtiendrons la mesure à *neuf huit* composée d'une noire pointée ou trois croches à chaque tems et par conséquent de neuf huitièmes de ronde pour la totalité de chaque mesure.

On ne s'est jamais beaucoup servi de la mesure à *neuf quatre* dérivant de la mesure à trois deux et moins encore d'une ridicule petite mesure à *neuf seize* composées de neuf doubles croches.

78. Les quatre tems de la mesure quaternaire se marquent le premier en abaissant la main, le second en la portant à gauche, le troisième en la portant à droite, le quatrième en la levant.

En Italie on frappe sur les deux premiers tems et on lève sur les deux derniers.

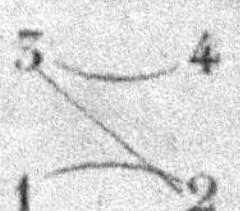

Le royaume de Naples n'a pas adopté cet usage; on y frappe les trois premiers tems et on lève seulement sur le dernier.

4

1 2 3

Voyez plus haut (75.) notre remarque à cet égard.

Chaque tems dans cette mesure se compose d'une noire ; on l'indique à la clef par un signe semblable a un C, mais dont l'extrémité supérieure est arrondie par un crochet. C.

On l'a quelque fois annoncée par un 4. ce qui serait mieux, mais est peu en usage.

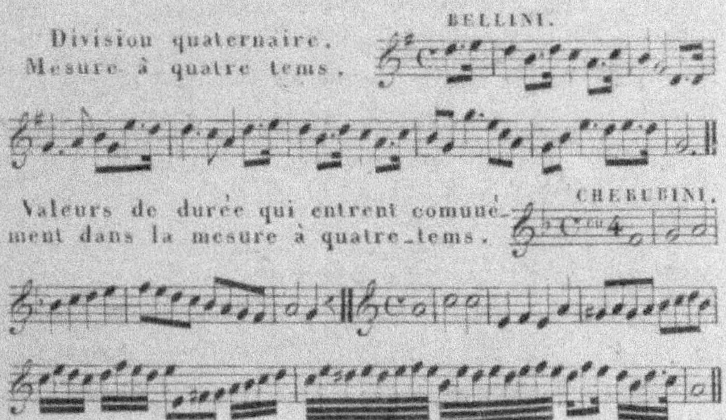

79. La mesure quaternaire n'a qu'une seule espèce simple et une seule espèce composée, celle-ci se nomme mesure à *douze-huit* elle est évidemment formée de l'addition d'une croche à chaque tems de la mesure simple et donne pour toute la mesure douze croches ou huitièmes de ronde ; la noire pointée est la plus forte valeur de durée qui puisse se rencontrer pour chaque tems. Cette mesure s'indique à la clef par les chiffres $\frac{12}{8}$.

Mesure composée à douze_huit.

Valeurs de durée qui entrent communément dans la mesure à douze-huit.

80. Les mesures binaires et ternaires peuvent en beaucoup de cas être considérées comme des mesures à un seul tems, en raison de la rapidité du mouvement. On néglige alors l'articulation rhythmique du second tems dans la mesure binaire et des deux derniers dans la mesure ternaire; le premier tems conservé décide seul le rhythme du morceau: on comprend que cette réduction de tems n'a lieu que dans des morceaux d'une exécution rapide telle que les fugues, les finals et menuets de symphonies. etc

De même dans la mesure quaternaire, bon nombre de morceaux ne présentent de forte articulation qu'au premier et au troisième tems, ce qui les fait rentrer dans la catégorie des mesures binaires pourvu que le caractère du morceau le supporte, ainsi l'exemple suivant bien que pris dans un mouvement fort rapide est toujours a quatre tems.

Il en est autrement des mesures ci-dessous.

81. On a proposé plusieurs fois l'usage d'une mesure à cinq tems qui ne serait autre chose qu'un composé de la mesure à trois-quatre unie à la mesure à deux-quatre. Cette mesure boiteuse n'a jamais été adoptée et, si l'on cite quelques pièces ainsi écrites à cinq-quatre ce sont des exercices ou de purs jeux d'esprit desquels il n'y a pas à tenir compte. Du reste on proposait deux manières de battre cette inégale mesure.

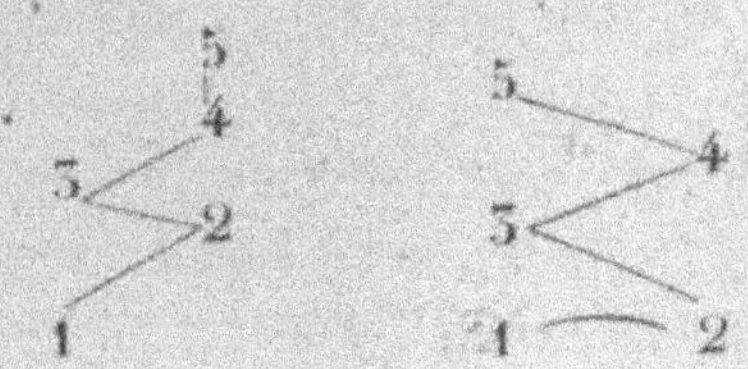

CATEL.

J'ai une idée confuse d'avoir lu quelque chose d'un projet de mesure à sept-quatre qui aurait été composée de la mesure à quatre tems et de la mesure à trois-quatre. Je ne sache pas que cette extravagante proposition ait eu quelque suite.

82. En repassant tout ce que nous avons dit sur la mesure nous verrons que cette partie si essentielle de la musique n'est autre chose que, *La règle qui établit les rapports des tons entr'eux quant à leur durée*. Tout morceau de musique est divisé par l'accent rhythmique en parties qui se nomment aussi *mesures*, lesquelles sont susceptibles d'être elles mêmes subdivisées en de plus petites parties appelées *tems*, en sorte que la mesure devient *binaire*, *ternaire*, *quaternaire* selon que la division a eu lieu en deux, trois, quatre parties ou tems.

Chacune de ces mesures se marque avec le pied ou la main par des gestes convenus dont le but est de faciliter la répartition des notes dans chaque mesure et dans chaque tems de mesure. Le premier tems de toute mesure qui ne peut être qu'un tems fort, est toujours précédé d'une *Stanguette* ou ligne verticale qui traverse la portée; chaque mesure se trouve ainsi placée entre deux de ces lignes. Les mesures sont *simples* ou *composées*. Celles-ci se forment en augmentant chaque tems de la moitié de sa durée. Les mesures binaires simples sont la mesure à $\frac{2}{2}$ ou simplement à 2 composée d'une blanche pour chaque tems et la mesure à $\frac{2}{4}$ moitié de la précédente dans laquelle chaque tems n'est que d'une noire. Les mesures binaires composées sont la mesure à $\frac{6}{4}$ peu usitée et formée d'une blanche pointée pour chaque tems, six noires ou quarts de ronde pour toute la mesure; puis la mesure à $\frac{6}{8}$ qui est fort en usage et dans laquelle chaque tems est formé d'une noire pointée ce qui donne six croches par mesure.

Les mesures ternaires simples sont la mesure à $\frac{3}{4}$ formée d'une noire pour chaque tems et la mesure à $\frac{3}{8}$ où chaque tems se compose d'une croche. En pointant chaque tems de la mesure à $\frac{3}{4}$ on obtient la mesure composée à $\frac{9}{8}$ dans laquelle entrent trois croches pour chaque tems et neuf pour toute la mesure.

La mesure quaternaire simple marquée à la clef par une figure assez semblable au C majuscule contient une noire dans chaque tems; la mesure composée qui lui correspond est la mesure à $\frac{12}{8}$, contenant trois croches dans chaque tems et douze pour toute la mesure. En plusieurs cas les mesures binaires et ternaires peuvent être considérées comme n'ayant qu'un tems unique et la mesure quaternaire comme n'ayant que deux tems.

Voici le tableau des mesures usitées dans la musique de nos jours.

MESURES.	Binaires.	Ternaires.		Quaternaires.
Simples	2 ou C $\frac{2}{4}$	$\frac{3}{4}$	$\frac{3}{8}$	4 ou C
Composées	$\frac{6}{8}$	$\frac{9}{8}$		$\frac{12}{8}$

CHAPITRE DOUZIEME.

Des Triolets.

83. Lorsque dans une mesure simple on introduit momentanément une mesure composée, il en résulte un dérangement dans la formation des tems: cette perturbation consiste en ce que dans un tems où l'on ne ferait qu'une ou deux notes, il faut en faire trois égales entr'elles sans que pour cela le tems se trouve aucunement prolongé. Si par exemple dans la mesure à deux-quatre on veut faire trois notes égales sur un tems, ces notes ne pourront être des doubles croches, puisque la valeur de trois de ces dernières ne ferait qu'une croche et demie, en conséquence l'on emploie les simples croches et l'on indique la circonstance

particulière de l'introduction de la mesure composée en plaçant le chiffre 3 au dessus de chaque grouppe de trois notes: ces notes sont alors plus rapides d'un tiers et prennent le nom de *triolets*. Elles cessent donc d'être comptées pour leur durée propre et se réglent sur la valeur du tems que leur assemblage représente. Fort souvent l'on s'abstient d'écrire le 3 et l'on a peut être tort, à moins qu'il ne se trouve plusieurs triolets de suite; dans ce cas il suffit de mettre le 3 sur le premier grouppe. A la vérité la maniére dont les notes sont attachées saute aux yeux de celui qui a l'habitude de lire la musique; mais les personnes peu exercées peuvent s'y tromper et il est même des cas où il y a de l'inconvénient pour tout le monde à ce que les triolets ne soient pas indiqués. En comparant les deux portées ci-dessous on verra la différence des triolets réels de la première et des triolets apparens de la seconde et, malgré le peu de complication de cet exemple, l'on reconnaitra qu'en certain cas il est utile et même nécessaire de ne pas ometre la superposition du chiffre.

84. Les triolets peuvent se former avec toutes les valeurs de notes employées dans les mesures composées. Ainsi dans la mesure à deux, les triolets de noires annonceront l'introduction momentanée de la mesure à six-quatre: on s'en sert rarement. Dans la mesure à deux-quatre ils annoncent la composition des tems à six-huit.

Dans les mesures à trois-quatre et à trois-huit ils annoncent l'introduction momentanée des mesures composées à neuf-huit et à neuf-seize; on fait peu usage de ces derniers.

Les triolets de la mesure quaternaire ne seront autre chose que la mesure composées à douze-huit momentanément introduite dans la mesure simple qui lui a donné naissance.

85. On emploie aussi les triolets d'une autre manière, qui consiste à les appliquer non plus aux tems, mais bien aux fractions de tems, dans les mesures simples comme dans les mesures composées: exemples.

Quelque fois aussi l'on réunit deux triolets et l'on place un six au dessus: cet arrangement revient au même quant à la quantité des notes, puisque six notes passent pour quatre comme trois passent pour deux, mais la différence existe souvent dans la manière d'articuler les divisions: si l'on articulait le premier tems de la seconde mesure de l'exemple ci dessous comme s'il y avait deux triolets, on ne remplirait pas l'intention du compositeur: il faut sur le *six pour quatre* que l'on voit à la seconde mesure appuyer sur la première note comme à l'ordinaire et passer les autres en évitant d'appuyer sur la quatrième, ou les articuler deux par deux.

Dans d'autres cas le six pour quatre ou *sixolet* s'articule précisément comme deux triolets séparés.

86. Dans les traits rapides destinés aux voix ou aux instrumens, on réunit souvent dans un des tems de la mesure un nombre de notes quelconque qui doit être exprimé pendant ce tems; on met alors au dessus du trait le chiffre qui indique le nombre des notes qu'il contient: c'est à l'exécutant à combiner son jeu de telle manière que toutes ces notes se fassent entendre sans que

la mesure du morceau s'en trouve interrompue.

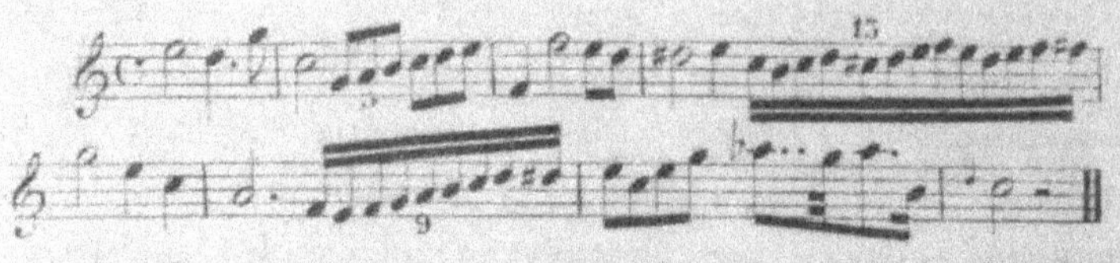

CHAPITRE TREIZIÈME.

De la syncope et de la liaison.

87. On appelle *Syncope* le partage d'une note par le milieu de telle manière que la premiere moitié appartienne à la partie faible d'un tems et la seconde à la partie forte du tems suivant:

Ici comme on le voit tous les sol se trouvent coupés par le second tems qui se marque sur le milieu de la blanche: telle est la syncope régulière.

La syncope irrégulière n'est à vrai dire qu'un *contre-tems*; le contretems consiste en ce que le tems *fort* par la manière dont il est amené devient tems *faible* et le tems faible devient tems fort. Dans la musique à plusieurs parties, il n'existe pas habituellement de partie à *contre-tems* sans qu'une autre partie continue la mesure dans le sens ordinaire: il en résulte un contraste dont l'effet est presque toujours très heureux. Quand la syncope a ainsi lieu d'une mesure à l'autre, on réunit ensemble les deux notes qui doivent la former au moyen d'une ligne courbe qui annonce que la seconde se considère comme prolongation de la première et en conséquence ne doit pas être réarticulée. Cette ligne se nomme *liaison* ou *ligature* exemple:

On peut former des syncopes de rondes, de blanches, de noires, en un mot de toutes les valeurs de durée usitées dans la musique.

88. On appelle *Syncope brisée* l'union de deux notes de valeurs différentes placées sur le même degré. Cette dénomination ne devrait s'appliquer qu'aux passages mélodiques où la syncope ordinaire est évitée par suite d'une règle d'harmonie

que nous n'avons pas à expliquer en ce moment, mais qui amène des formules du genre de celle ci:

Autrement c'est une simple union de deux notes placées sur un degré semblable, union praticable aussi bien d'une mesure à l'autre que dans le corps d'une mesure. La ligne courbe appellée *liaison* ou *ligature* sert également dans ce dernier cas pour attacher ensemble les deux notes.

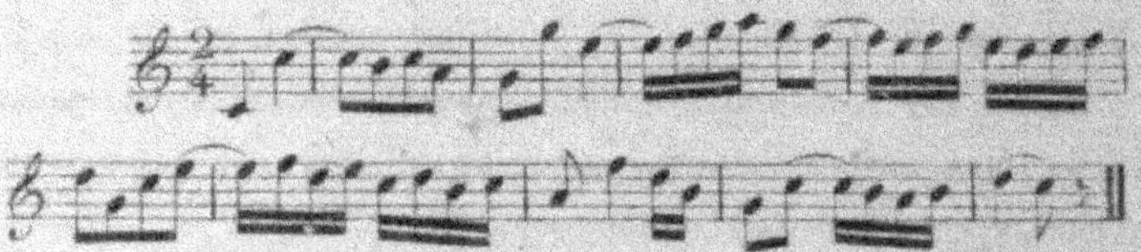

Nous verrons reparaitre la *liaison* parmi les signes d'expression. Quant à présent il suffit de nous rappeler que ce signe a pour objet de réunir en une seule articulation deux notes égales ou inégales en durée, mais d'une même valeur tonale, c'est-à-dire placées sur un même degré, lesquelles en raison des divisions de mesure ne sauraient être écrites au moyen d'un signe unique.

CHAPITRE QUATORZIÈME.

Des mouvemens.

89. Les divers signes de durée dont nous avons parlé jusqu'ici ont, comme on l'a vu, des valeurs dépendantes les unes des autres; ainsi une blanche sera toujours quant à sa durée la moitié d'une ronde, une noire en sera le quart, etc: mais comment fixer la durée de la ronde ou unité rhythmique puisque sa valeur rhythmique n'est pas absolue? pour parvenir à déterminer cette valeur, on écrit en tête de chaque morceau de musique un ou plusieurs mots empruntés ordinairement à la langue italienne: ces expressions font connaître fort vaguement à la vérité, les diverses nuances de lenteur ou de rapidité que le compositeur entend imprimer au morceau qu'il livre à l'exécutant.

90. Voici le tableau de ces expressions; la première colonne indique les trois mouvemens principaux l'autre, les mouvemens secondaires.

Mouvemens principaux.	Mouvemens secondaires.	
	Stretto	*Serré.*
	Prestissimo	*Très-vite.*
	Presto	*Vite*
ALLEGRO (vif gai)	Allegretto	*moins vif qu'allegro.*
ANDANTE (moderé)	Andantino	*plus vif qu'andante.*
	Adagio	*A l'aise.*
LARGO (Large)	Larghetto	*moins lent que largo.*
	Lento	*lent.*
	Sostenuto	*soutenu.*
	Grave	*très lent.*

On ajoute souvent au mot *allegro* un autre mot qui indique le caractère de la composition plutôt qu'il n'en determine le mouvement.

Voici la liste de plusieurs de ces mots.

ALLEGRO.	giusto	*Précis.*
	moderato	*Modéré.*
	commodo	*Commode.*
	maestoso	*Majestueux.*
	tempo di marcia	*Tems de Marche.*
	tempo di minuetto	*Tems de Menuet.*
	brillante ou con brio	*Eclatant.*
	fiero	*Fier.*
	mazziale	*Martial.*
	mosso ou con moto	*Emu.*
	spiritoso	*avec esprit.*
	con anima	*avec âme.*
	agitato	*Agité.*
	vivace etc.	*Gaillard etc.*

Aux termes qui expriment les mouvemens principaux on ajoute quelquefois des modificatifs tels que *un poco*, *non troppo* ou *non tanto*, *molto*, *assai* ainsi l'on dit *un poco adagio* un peu lent,

allegro non troppo ou *non tanto* pas trop vif; *allegro molto* ou *allegro assai* très vif. Ces modificatifs peuvent aussi en certains cas se joindre aux mouvemens secondaires.

L'inconvénient de toutes ces expressions est de n'avoir point de signification précise et d'être pour l'un ce qu'elles ne sont pas pour l'autre, en sorte que le compositeur ne peut être assuré que sa musique soit exécutée telle qu'il l'a conçue.

91. C'est pour y remédier que l'on a inventé des instrumens appelés *Chronometres* destinés à fixer les durées musicales. Le plus récent, celui dont l'usage a été généralement adopté est connu sous le nom de *Métronome de Maëlzel*, du nom de son inventeur. Le principe en est fort simple: étant donnée pour unité de tems la minute; on suppose que dans cet espace peut se faire entendre un certain nombre de blanches, noires, croches, et au moyen d'une échelle proportionnelle, sur laquelle sont des chiffres qui indiquent le nombre des dites valeurs qui correspond aux vibrations d'un balancier, on fixe un poids mobile qui accélère ou ra-

lentit le mouvement selon qu'il se trouve placé sur un numéro plus ou moins élevé. Il suffit donc que le compositeur indique le numéro du mouvement qu'il a choisi pour chaque blanche, noire ou croche, et l'exécutant connaitra ce mouvement en plaçant le poids sur le chiffre indiqué.

Le métronome donnant une série de près de deux cents mouvements, puisque chaque vibration peut avoir, outre la durée d'une blanche d'une noire ou d'une croche celle de toute mesure quelconque, exprime presque toutes les nuances perceptibles.

On indique au commencement des morceaux le numéro du métronome sur lequel doit être fixé le poids mobile, et la figure dont la durée doit égaler chaque vibration du balancier: ainsi M.M. 63. 𝅗𝅥 indique que le poids étant placé au chiffre 63, la valeur de chaque blanche devra être la même que celle d'une des oscillations du Métronome.

CHAPITRE QUINZIÈME.

Du point d'Orgue.

92. Le *Point d'orgue* appelé aussi *fermat* ou *point d'arrêt* est un signe qui marque la suspension momentanée de la mesure. Il a la forme ordinaire d'un *point* accompagné d'un arc de cercle.

Souvent pendant un point d'orgue, l'un des exécutants joue un trait que l'on nomme aussi point d'orgue. Les voix et instrumens qui accompagnent doivent en ce cas attendre que la partie principale ait terminé pour que chacun repreune son rôle.

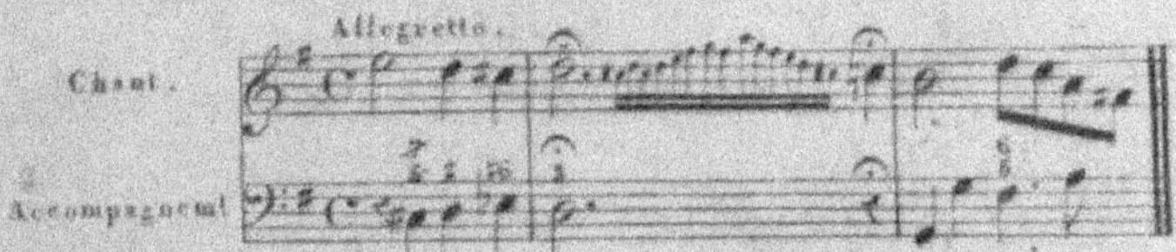

On trouve souvent dans une partie principale les mots *a piacere, ad libitum* ou *à volonté* ce qui veut dire que l'exécutant peut presser ou ralentir la mesure selon son bon plaisir: dans ce cas les parties d'accompagnement ont ou n'ont pas le point d'orgue, mais on y lit ordinairement les mots *segue la parte* ou simplement *segue* ce qui indique que l'on doit *suivre* la partie récitante; lorsque la mesure redevient obligatoire, cette circonstance est annoncée par les termes *a tempo* ou *mesuré*.

Souvent aussi un point d'orgue se trouve sur une note ou sur un silence dans toutes les parties à la fois: dans ce cas la note ou le silence doivent être convenablement prolongés, jusqu'a ce que une, ou plusieurs parties ou toutes les parties ensemble reprennent le fil du discours interrompu de la sorte.

TROISIÈME SECTION.

SIGNES D'EXPRESSION.

CHAPITRE SEIZIÈME.

Des notes d'agrément ou petites notes.

93. L'exécutant qui après avoir chanté ou joué un morceau de musique en se conformant exactement aux signes de mesure et d'intonation, s'imaginerait qu'il a répondu complètement à l'attente du compositeur et des auditeurs, se tromperait étrangement. Si à ces deux conditions, il n'a pas ajouté le soin de rendre la pensée écrite avec goût, avec grâce, avec chaleur en un mot avec expression, s'il ne s'est pas efforcé d'émouvoir la sensibilité de ceux qui l'écoutent, sa voix ou le son de son instrument n'a été qu'un vain retentissement dépourvu de tout intérêt et dont la sécheresse a été encore augmentée par la précision avec laquelle il a exprimé la partie en quelque sorte matérielle du morceau à lui confié.

On aura pu remarquer que sa voix était belle, que de son instrument il tirait une belle qualité de sons; mais de tout cela il n'est resté qu'un souvenir de monotonie endormante: c'est qu'il ne savait pas varier le degré d'*intensité* des sons, augmenter la force de l'accent rhythmique; c'est qu'il n'avait pas cherché à se pénétrer des intentions de l'auteur ; c'est que ses premiers maîtres en lui enseignant les élémens ne l'avaient pas habitué à chercher un sens dans toute pièce de musique : l'*expression* lui était inconnue.

94. Le premier moyen d'acquérir une qualité si désirable est de suivre avec la plus grande exactitude les indications marquées qui sont l'expression plus ou moins positive des intentions du compositeur. C'est en observant avec soin toutes les nuances indiquées que l'on s'habitue à les introduire à propos là où elles ne sont point écrites.

On peut ranger les signes d'expression et d'agrément dans deux classes:

(*a*) Ceux que le compositeur écrit avec plus ou moins d'exactitude ; ce sont 1° les *petites notes* 2° les *accens* d'augmentation ou de diminution et certains *mots* destinés à exprimer ses intentions. 3° le *lié* et le *piqué* ou *détaché*.

(*b*) Ceux que fort souvent il n'écrit pas, laissant au goût de l'exécutant le soin de juger les circonstances dans lesquelles l'introduction de ces ornemens peut ajouter au bon effet de la composition. Ce 1° le *port de voix* 2° l'*appogiature* 3° le *gruppetto* 4° le *tril* 5° enfin les *broderies* ou *fioriture*.

95. Les petites notes sont des notes écrites en caractères plus petits et qui pourraient se retran-

cher à l'exécution sans que le fond de la mélodie se trouvât notablement altéré. Ce sont des ornemens que l'on ajoute à un chant qui sans cela paraitrait trop nud. C'est ce qui se fait surtout avec bonheur lorsqu'une mélodie se remontre une seconde fois dans le même morceau. Dans ce cas si les petites notes sont marquées par le compositeur, il est rare qu'il ne les écrive pas en caractères ordinaires; cette nouvelle manière de présenter la mélodie constitue une variation. Nous en donnerons un exemple plus loin (105.)

Hors un très petit nombre d'ornemens dont nous ne tarderons pas à parler et aux quels les exécutans, même habiles, doivent se borner, il n'y a que les virtuoses de premier ordre à qui il soit permis de varier un chant de manière à satisfaire un auditoire éclairé.

Voici un exemple de petites notes attachées à la note qui les suit et dont la valeur de durée passe inapperçue en s'identifiant avec la valeur de la note suivante.

CHAPITRE DIXSEPTIÈME.

Des Accents,

Du lié et du détaché.

96. Nous appelons ici *accens*, tous les signes et mots que le compositeur place au dessous ou au dessus de la portée pour marquer ses intentions. Le premier de ces signes est formé par deux lignes droites s'unissant a l'extremité et formant ensemble un angle très aigu: ⟩ ce signe ainsi présenté annonce que le son doit être peu à peu diminué; tourné de l'autre sens ⟨ il indique au contraire que le son doit être augmenté: de ces deux signes l'on peut en former un seul ⟨⟩ qui indique l'augmentation suivie de la diminution. Ces signes s'etendent selon le besoin à des traits ou passages d'une certaine étendue. On voit encore ce même signe tourné ainsi Λ ce qui indique le passage rapide du fort au doux sur une seule et même note.

97. Les accens indiqués par des mots sont presque toujours des expressions italiennes complètes ou abrégées.

Voici les principales avec leur forme d'abréviation et leur signification:

Mots.	Abbréviations.	Significations.
Fortissimo	FF.	Très fort
Forte	F.	Fort
Mezzo forte	MF.	Demi fort
Sforzando	Sfz.	En forçant le son
Rinforzando	Rinf. ou Rfz.	Renforçant
Mezza voce	M.V.	Demi voix
Crescendo	Cresc.	Augmentant
Decrescendo	Decresc.	En Décroissant la Force
Diminuendo	Dim.	En Diminuant la Force
Calando	Cal.	En Baissant la Force
Piano	P.	Doux
Pianissimo	PP.	Très doux
Dolce	Dol.	Mollement
Smorzando	Smorz.	En laissant S'éteindre le son
Morendo	Morend.	En laissant Mourir le son
Perdendosi	Perdend.	En laissant Se perdre le son
Forte piano	FP.	Fort puis Doux
Piano forte	PF.	Doux puis Fort
A poco a poco	Poc a poc.	Peu à peu
Sempre	Sem.	Toujours

Nous n'avons admis dans cette liste que les mots qui s'appliquent à toute espèce de musique soit vocale soit instrumentale ; les avertissemens qui concernent les divers accidens de l'instrumentation se donnent selon les convenances des compositeurs qui ont tout droit d'agir librement à cet égard.

En voici quelques un des plus usités.

Staccato	Stacc	Détaché
Legato	Leg	Lié
Pizzicato	Pizz	Pincé
Coll'arco	Arco	Avec l'archet
A punto d'arco		Avec la pointe de l'archet
Sul ponticello		Près du chevalet
Scherzando	Scherz	En badinant
Etc.		Etc.

L'usage apprendra les autres.

98. Le signe que nous avons nommé *liaison* ou *ligature* (87) lequel sert à unir deux ou plusieurs notes placées sur un même degré, sert aussi à couler, c'est-à-dire à rendre d'un seul coup de gosier dans le chant et d'un seul coup d'archet ou de langue dans les instrumens un trait d'une étendue plus ou moins grande.

Dans les pièces de musique vocale, le coulé se trouve indiqué par le seul fait de la réunion des croches qui ne se montrent isolément que lorsqu'elles s'adaptent à une seule syllabe.

99. Les points placés au dessus des notes hors de la portée indiquent au contraire que chacune d'elles doit être détachée et articulée séparément. Voyez l'exemple ci-dessus. Si l'on veut que cette articulation ait une grande vigueur et que le son de chaque note soit sec et paraisse absolument isolé des notes voisines, l'on place au dessus des points allongés en forme de clous. Fort souvent ces deux manières d'indiquer le détaché s'employent indiféremment l'une pour l'autre.

CHAPITRE DIX-HUITIÈME.

Du port de voix, de l'appogiature et du grupetto.

100. Le *port de voix* consiste à faire glisser la voix d'un degré quelconque de l'échelle à un autre, de telle manière que l'intonation de la première note paraisse anticiper sur celle de la seconde en s'y unissant sans secousse. Cet agrément se pratique du grave à l'aigu et de l'aigu au grave.

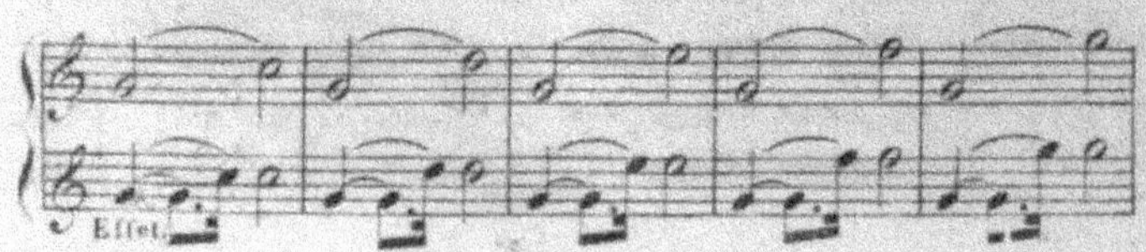

On a quelque fois donné le nom de port de voix à l'action de lier plusieurs sons entr'eux ; mais il suffit de jeter un coup d'œil sur le trait ci-dessous pour reconnaître que l'exécution des passages de ce genre n'offre rien qui s'écarte de la méthode ordinaire de lier les sons, et que l'anticipation qui caractérise particulièrement le port de voix n'est pas praticable en cette circonstance.

Le port de voix ne s'emploie pas seulement dans l'exécution vocale, il ajoute beaucoup à l'expression des instrumens. On s'en sert surtout avec avantage sur les instrumens d'archet

101. L'*Appogiature* n'est autre chose qu'une petite note placée devant une note principale à la distance d'un diaton ou d'un semi-diaton, soit en dessus, soit en dessous. Cette petite note est sans valeur quant à l'harmonie, mais elle a une valeur mélodique fort importante à considérer. Quant à sa durée, elle l'emprunte à la note qu'elle précède ; cette durée est de moitié, si la note prin-

cipale est une ronde, une blanche ou noire; si l'une de ces notes est pointée, la durée de l'appogiature est des deux tiers. L'appogiature est préparée lorsquelle est précédée d'une note sur le même degré.

Appogiatures. Appogiatures préparées.

Effet.

Le mot *appogiature* vient du mot italien *appogiare* qui signifie appuyer parceque la note au moyen de la quelle on forme cet agrément semble prendre la note principale pour point d'appui.

102. Le *gruppetto* est un agrément d'exécution qui consiste dans l'assemblage de trois petites notes que l'on fait passer rapidement devant une note principale; ces trois notes sont la note principale elle même précédée de celle qui se trouve sur le degré immédiatement inférieur et suivie de celle qui se rencontre sur le degré supérieur si le gruppetto est en dessous; et précédée au contraire du degré supérieur et suivie du degré inférieur si le grouppe doit être en dessus. Dans ces deux cas la note inférieure doit toujours être à distance d'un sémi-diaton de la note

principale. Le gruppetto s'annonce souvent par le signe ∾ placé comme on vient de le voir il indique le gruppetto en dessous; disposé dans l'autre sens ∿, il marque le gruppetto en dessus.

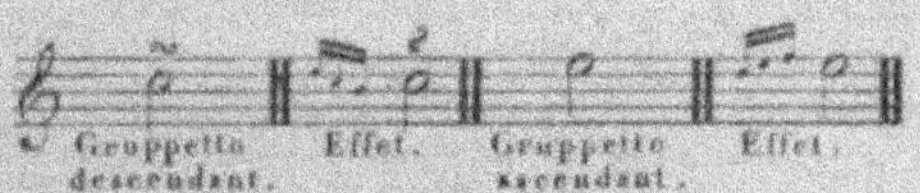

Si la note inférieure du gruppetto doit être diésée ou bécarisée accidentellement, cela se reconnait par l'existence d'un de ces accidens au dessous du signe.

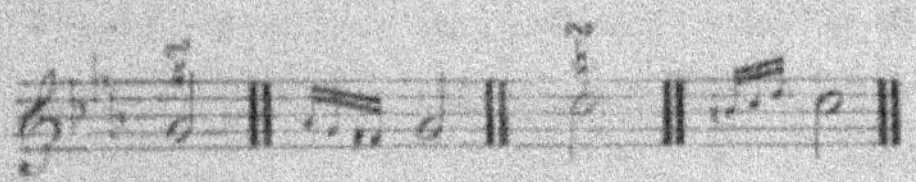

Le gruppetto donne du relief à la mélodie, mais il ne doit pas être prodigué outre mesure comme il arrive fort souvent.

On se sert souvent d'une formule qui peut se varier en plusieurs manières et qui n'est au fond qu'un gruppetto de quatre notes; en voici des exemples.

CHAPITRE DIX-NEUVIÈME.

Du trill, du mordant et des broderies ou fioritures.

103. Le trill est un ornement fort usité en musique: il consiste à passer alternativement et avec une rapidité toujours croissante de la note sur laquelle il est marqué à la note placée immédiatement au dessus pour arriver finalement à une note de conclusion qui se trouve un diaton au dessous ou un semi-diaton au dessus de la note trillée. Le trill est toujours indiqué par les deux lettres *tr* placées au dessus de la note qui doit être trillée. Pour lui donner une exécution plus brillante, il faut le commencer posément et en augmenter graduellement la vitesse; on le conclut par deux ou trois petites notes qui amènent la note de repos au dessus ou au dessous de la note trillée.

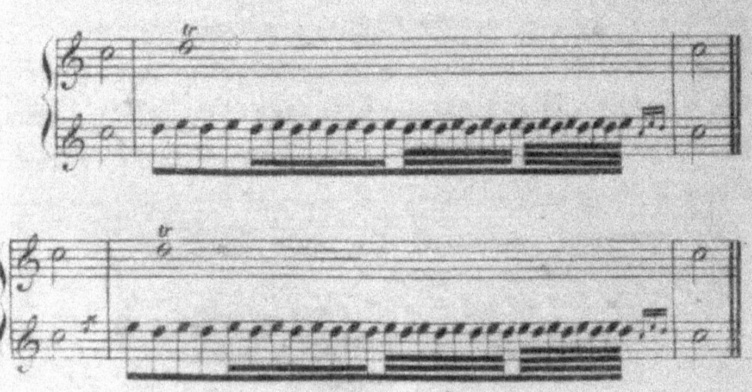

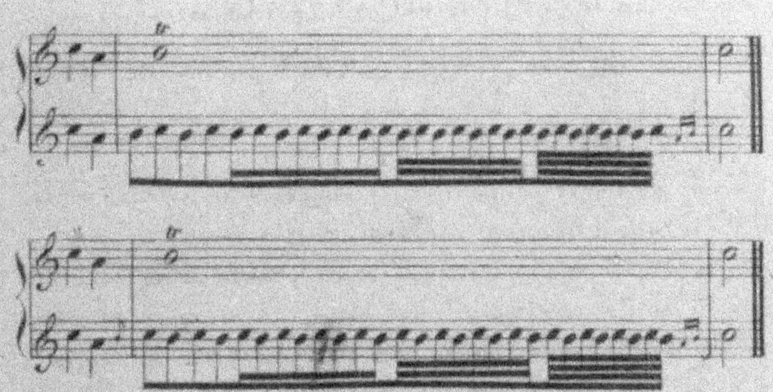

C'est improprement que l'on a quelque fois donné au trill le nom de *cadence*. Le trill se fait souvent sur une *cadence mélodique* ou *harmonique*; mais il n'en est ni une conséquence, ni une dépendance.

104. Le *mordent* n'est autre chose qu'un fragment de trill qui n'affecte les notes que dans la première partie de leur durée et qui par conséquent n'a pas de conclusion. On l'indique par le signe ⁓. La figure ci dessous en offre l'emploi et l'effet.

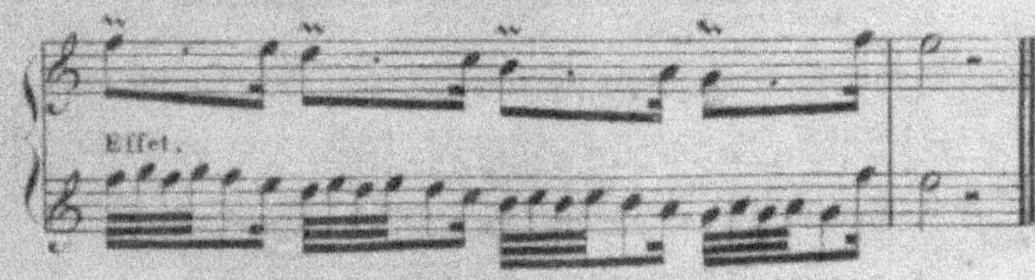

105. On appelle *broderies* les notes et grouppes de notes que l'exécutant introduit dans la partie qui lui est confiée pour donner un nouvel attrait à la répétition d'un chant, ou pour en relever les passages trop simples. Les broderies servent en outre à faire briller la légereté de gosier du chanteur et l'agilité des doigts de l'instrumentiste.

Le grand mérite du musicien qui se risque à broder une pièce d'un grand maitre est de la laisser toujours parfaitement reconnaissable, quel que soient d'ailleurs l'abondance et la complication des ornemens qu'il introduit ; il doit n'employer que des agrémens de bon gout et surtout les placer à propos, car tel passage heureux en telle circonstance pourrait bien n'être que ridicule en telle autre et souvent le choix n'est pas facile. En général il n'y a que les virtuoses de premier ordre qui ayent droit de se permettre l'usage fréquent des broderies compliquées : le mieux, non seulement pour les commençans, mais aussi pour la plupart des exécutants est de rendre la musique telle qu'elle est écrite, en y ajoutant avec sobriété quelques uns des agrémens que nous avons précédemment décrits. Pour ne rien laisser désirer à nos lecteurs, nous donnons ci-dessous un fragment d'air avec deux variations qui serviront surtout à faire reconnaitre la justesse de ce qui vient d'être dit.

Le mot italien *fiorîture*, qui s'est introduit depuis quelque tems, présente un sens tout à fait analogue à celui du mot français *broderies*.

QUATRIÈME SECTION.

SIGNES de CONVENTION.

CHAPITRE VINGTIÈME.

De la Double barre, des Points de reprise, du Dacapo, du Renvoi et du Guidon.

106. La *double barre* verticale ‖ se place soit à la fin, soit dans le courrant d'un morceau lorsque ce morceau est divisé en plusieurs sections. Elle indique donc qu'une pièce de musique est terminée soit dans son entier, soit dans une de ses parties. Voici un exemple de l'emploi de la double barre.

107. Lorsque la double barre est accompagnée de *points* tant à droite qu'à gauche, :‖: ces points indiquent que l'exécutant arrivé là, doit reprendre depuis le commencement ou depuis la dernière double barre avec points qu'il aura rencontrée. Ensuite il doit poursuivre le morceau jusqu'à la fin ou

jusqu'à ce qu'il rencontre de nouveau une double barre accompagnée des points de renvoi. Si les points sont placés que d'un seul côté, on ne répète que la partie du morceau vers laquelle ils se trouvent. Ainsi dans le morceau qu'on vient de voir (106.) si la double barre, qui se trouve au milieu de la neuvième mesure eut été armée de points du côté gauche, :‖ il eut du être recommencé et continué ensuite jusqu'à la fin; si les points se fussent trouvés du côté droit, ‖: on aurait du en reprendre toute la seconde portion et dans ce cas la double barre finale eut été accompagnée de points: enfin si la double barre de la neuvième mesure eut porté des points de chaque côté :‖: chacune des portions dont se compose cette romance instrumentale aurait du être reprise.

108. Les mots *Da capo* ou par abréviation D.C. indiquent que le morceau doit être repris *du commencement* Quelque fois on trouve ce terme suivi des mots *al fine* , ce qui signifie que l'on doit s'arrêter au mot *fin* qui se marque par un arc de cercle placé au dessus d'une note ou d'une double barre et servant à couroner le mot *fin* ou *fine* . Voici un exemple de l'emploi du D.C.

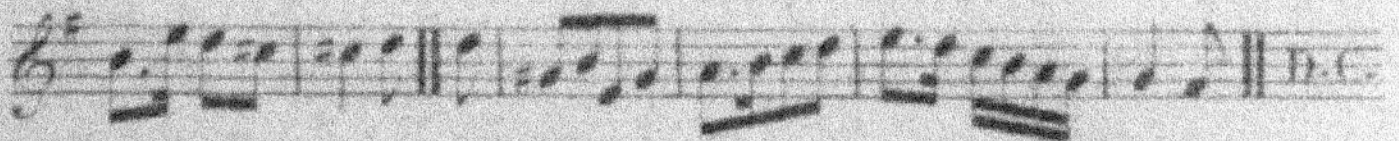

109. Le *Renvoi* 𝄋 est un signe de convention qui annonce la répétition d'un nombre quelconque de mesures. Son apparition dans une pièce d'exécution musicale *renvoie* à un signe semblable où l'on doit reprendre la continuation du morceau jusqu'à la rencontre du signe final (108.) Quelque fois au lieu de la répétition du signe de reprise, on se sert des deux mots *Al segno* qui atteignent le même but. Quelques auteurs ont aussi fait usage du double renvoi 𝄋𝄋, ce qui peut en certains cas être utile pour éviter toute équivoque dans une pièce où se rencontrent plusieurs renvois.

110. On ne fait plus guère usage du *guidon* 𝆖 et quand on l'emploie, ce n'est que par suite d'une mauvaise distribution de notes dans la copie ou dans la gravure. Ce signe a pour objet d'annoncer à la fin d'une portée la note qui doit se trouver au commencement de la portée suivante, lorsque la mesure entière n'a pu trouver place dans la première des deux lignes. Si la note annoncée doit subir quelque altération accidentelle, le signe altératif se place devant le guidon puis se répète devant la note. Tels sont les principaux signes conventionels généralement en usage ; on les rencontre également dans

les pièces vocales et dans celles qui sont destinées aux instrumens.

CHAPITRE VINGT-UNIÈME.

Des Abréviations.

111. Il ne nous reste plus à parler que des signes abréviatifs. Ces signes sont bannis de la musique vocale, mais ils sont d'un assez fréquent usage dans les pièces destinée aux instrumens. Nous réunissons les principaux dans la figure suivante: la portée supérieure porte les abréviations, l'inférieure en offre le développement. Les lettres indiquent les renvois aux explications de chacun d'eux qui se trouvent à la suite.

E
8a. Bassa.
F
G
H
arpeges.
I
Simili.

A. Les *points* prolongés en forme de clous et placés au dessus ou au dessous d'une ronde indiquent l'articulation de quatre noires.

B. Les *barres* tirées au dessus ou au dessous des

rondes ou traversant les queues des blanches et des noires marquent que ces notes doivent être detaillées en croches, si la barre est simple; en doubles croches, si elle est double; en triples, si elle est triple

C. Les *chiffres* 3 ou 6 placés au dessus des notes pointées accompagnés de barres indiquent les triolets ou les six pour quatre, ou *sixolets*.

D. La barre penchée, placée obliquement dans la portée et en occupant deux espaces, indique la répétition du groupe de notes qui précède. Si le groupe est d'une mesure entière, on accompagne la barre de deux points l'un en dessus, l'autre en dessous: s'il est de deux mesures, la barre se place à travers de la stanguette aussi avec deux points. Quand le groupe est formé de doubles, triples etc. croches, l'on double l'on triple etc. la barre de répétition.

E. Lorsqu'un instrument doit doubler à l'octave la note écrite, on peut le marquer par les mots 8^a *alta* si c'est à l'octave supérieure, et 8^a *bassa* si c'est à l'octave inférieure.

F. Lorsque les notes doubles syncopées ont été indiquées dans une mesure et que l'une d'elles se trouve sur le même degré, on peut ne marquer la syncope que pour la note qui change de degré.

G. Les blanches attachées comme les croches en produisent l'effet.

H. Au lieu d'écrire les passages appelés arpèges tout au long on les représente en rondes ou blanches que l'exécutant doit détailler; mais alors les initiales *Arp:* doivent être écrites au dessus ou au dessous de la portée.

I. Les mots *segue* ou *simili* indiquent que le passage représenté une fois doit être continué dans la même forme.

J. Le mot *bis* écrit au dessus d'une mesure annonce évidemment que cette mesure doit être dite deux fois.

K. Le mot *tremolo* tremblement s'écrit soit entier, soit abrégé par les initiales *trem:* et placé au dessus ou au dessous des rondes ou des blanches accompagnées de lignes horisontales, annonce pour les instrumens d'archet un passage où les notes doubles, triples ou quadruples croches doivent se succéder sans qu'il y ait en apparence solution de continuité. Sur le piano forte, les passages de ce genre ne peuvent se faire sur une seule note; il en faut au moins deux; on exécute alors ce passage en frappant alternativement la note inférieure et la note supérieure: s'il y a une troisième note(ce qui arrive presque toujours) on l'unit selon l'occurrence soit à la note inférieure soit à la note supérieure.

L. Le *brisé* est un zig-zag vertical que l'on place devant un accord; il sert à indiquer que l'on doit frapper successivement, mais très rapidement toutes les notes de l'accord en commençant par le plus grave.

Pour ce qui est des abréviations de mots, elles se trouveront expliquées à leur place dans le *Vocabulaire* qui suit le vingt deuxième chapitre et forme l'appendice du présent ouvrage.

CHAPITRE VINGT-DEUXIÈME et dernier.

Résumé général et conclusion.

112. Les quatre sections de notre Séméiologie ont embrassé tous les signes que doit avant tout connaître quiconque veut étudier la musique, son intention fut-elle de s'arrêter au plus simples élémens.

Les signes d'intonation nous ont d'abord occupé. Après avoir présenté un type primordial, sorte d'*alphabet* de la musique, qui donne une série de sept tons ayant entr'eux des rapports simples et faciles à saisir, nous avons expliqué comment au moyen de la PORTÉE et des CLEFS on pouvait reconnaître le degré de gravité ou d'acuïté de ces tons et par suite de tous les autres tons musicals. Nous avons ensuite examiné comment les tons pouvaient subir l'altération au moyen du DIÈSE et du BÉMOL et comment cette altération cessait par la présence du BECARRE et de la STANGUETTE ou barre de division. Décomposant ensuite notre série primordiale, nous avons analysé les rapports que l'on peut établir entre ses termes considérés entr'eux, soit tels qu'ils se rencontrent, soit affectés de l'altération en plus ou en moins; ce qui a donné lieu à la théorie des INTERVALLES. Reprennant encore notre série première pour terme de comparaison, nous avons formé d'autres séries et établi la différence des MODES MAJEUR et MINEUR; donnant ensuite des points de départ différents à chacun d'eux, nous avons distingué les modes NATURELS et TRANSPOSÉS. Certaines formules qui n'entrent point dans la composition des modes ou donné lieu à la distinction des GENRES DIATONIQUE, CHROMATIQUE, ENHARMONIQUE.

Un fort petit nombre de signes nous a suffi pour exprimer toutes les circonstances relatives à la tonalité; on en verra le rapprochement dans le tableau synoptique de la séméiologie musicale page 127.

113. Dans notre seconde section, passant aux signes de durée, nous avons pris pour unité rhythmique et terme de comparaison la RONDE représentée par un zéro incliné et subdivisant sa durée par raison sousmultiple, nous avons trouvé la BLANCHE, la NOIRE, la CROCHE, la DOUBLECROCHE, la TRIPLE CROCHE la QUADRUBLE CROCHE. Nous avons vu que chacun de ces signes avait pour correspondant un silence de durée équivalente savoir la PAUSE correspondant à la ronde, puis la DEMI PAUSE, le SOUPIR le DEMI SOUPIR, le QUART le HUITIÈME le SEIZIÈME de SOUPIR. Nous avons remarqué la propriété du POINT qui placé à la droite de l'un des signes que nous venons d'énumérer augmente sa durée de moitié. Nous avons vu après cela comment les signes s'assemblaient par grouppes variés dans leur

composition, mais égaux en durée et se succédant sans interruption ; la subdivision de ces grouppes en parties appelées TEMS a donné lieu à la théorie des MESURES BINAIRE, TERNAIRE et QUATERNAIRE ; nous avons ensuite reconnu que la mesure composée pouvait momentanément s'introduire dans les mesures simples au moyen des TRIOLETS, puis nous avons observé la circonstance accessoire de la SYNCOPE et de la LIAISON. La valeur des signes de durée étant arbitraire, quant à la détermination de la valeur de celui qui sert de terme de comparaison à tous les autres, nous avons vu comment on les appréciait au moyen des expressions indicatrices des MOUVEMENS; enfin le POINT D'ORGUE s' est offert à nous comme suspendant momentanément la mesure.

Les signes de durées ne sont guère plus nombreux que ceux d'intonation: l'on peut s'en convaincre en jetant un coup d'œil sur le tableau qui se voit à la page 127.

114. La troisième section a été employée à énumérer les signes qui sans affecter la tonalité ou le rhythme ajoutent à l'effet de la musique et donnent à l'exécutant la facilité de représenter avec plus d'exactitude la véritable pensée du compositeur tels sont les PETITES NOTES, les ACCENS, le LIÉ et le DÉTACHÉ, le PORT DE VOIX, L'APPOGIATURE, le GRUPPETTO le TRILL, le MORDENT, les BRODERIES.

Les pensées qu'indiquent toutes ces expressions ne

donnent lieu qu'à quelques signes faciles à reconnaître. Voyez le tableau.

Enfin il est si aisé de fixer dans sa mémoire le nom et la forme des signes expliqués dans la quatrième section, que nous ne les rappelons ici que pour la régularité de ce RESUMÉ. Ces signes sont la DOUBLE BARRE, les POINTS de REPRISE, le D.C. le RENVOI et le GUIDON. On les trouvera ainsi que les autres dans le tableau ci-contre (*) dans lequel nous n'avons pas dû faire entrer les ABRÉVIATIONS dont nous avons amplement parlé (111.)

(*) Pour ne pas laisser en blanc le bas de cette page, nous allons placer ici un mot relatif aux livres appelés SOLFÈGES. On verra dans un instant (115) que, dans notre opinion, les livres de ce genre sont tous susceptibles d'être employés pour l'étude des élémens de la musique, pourvu que les leçons en soient convenablement graduées. En France les trois ouvrages les plus connus en ce genre sont 1°. le Solfége de Rodolphe, 2°. le Solfège dit d'Italie, 3°. le Solfège du Conservatoire. De ces trois livres, le second est assurément le plus digne de fixer l'attention, et les élèves ne peuvent rien choisir de meilleur pour s'exercer à la Solmisation et à la Vocalisation; le Solfège du Conservatoire pourrait être réduit de moitié et n'en deviendrait que plus estimable; Quant au Solfège de Rodolphe qui est le plus répandu, il serait tout-à fait tems de l'abandonner: Ses formes sont vieilles et étroites; et il ne se recommande ni par le style, ni par l'invention, ni par aucune qualité saillante, ce qui n'empêche pas qu'il n'ait été fort utile dans son tems. Les ouvrages que nous venons d'indiquer et quantité d'autres parmi les quels il faut surtout distinguer les vocalises de Danzi ne sont guère propres qu'à l'enseignement individuel. Pour l'enseignement simultané, on a les méthodes de Choron et quelques Solfèges de Sabbatini, Chelard, Wilhem ect. il est probable que le développement que prend chaque jour l'enseignement de la musique en fera composer un grand nombre d'autres. Ainsi que nous le disions dans l'avis au lecteur, nous avons commencé un travail de ce genre; il sera bientôt terminé, mis en rapport avec la Séméiologie et livré au public.

TABLEAU SYNOPTIQUE.

Des signes de la musique

SIGNES D'INTONATION

Portée. Clefs. Accidens.

SIGNES de DURÉE.

Valeur des notes: Ronde, Blanche, Noire, Croche, Double Cʳ, Triple Cʳ, Quadruᵉ Cʳ

Silences equivalents: Pause, Demi pause, Soupir, Demi soupir, Quart, Huitième, Seizi:

Point augmentatif. etc. Point d'orgue.

Mesures

Binaire: 2 ou ₵ 2/4 6/8

Ternaire: 3 ou 3/4 3/8 9/8

Quaternaire: 4 ou C 12/8

Triolets. Sixolets.

SIGNES D'EXPRESSION.

Accens. Gruppetto. Mordent.

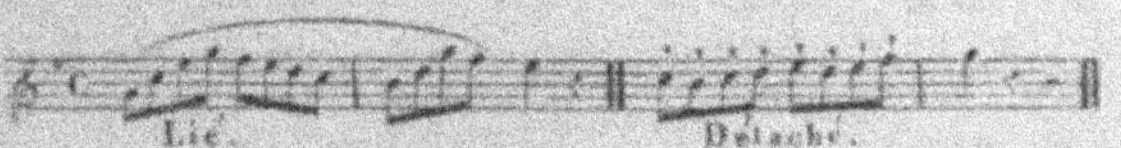

SIGNES CONVENTIONELS.

Double Barre et Points de reprise. Renvoi. 𝄋 Guidon.

115. L'élève qui aura étudié avec soin les vingt un chapitres dont nous venons d'analyser le contenu possédera toutes les connaissances préliminaires indispensables à quiconque veut se livrer à la pratique de la musique soit vocale, soit instrumentale. Non seulement il saura se rendre compte de la signification de chacun des signes qui se trouvent réunis dans le tableau ci dessus, mais il comprendra parfaitement toutes les opérations qui se pratiquent au moyen de ces signes. Nous pensons en effet avoir réuni dans ce petit traité des notions suffisantes pour ne laisser rien d'obscur dans l'esprit d'un lecteur doué d'une intelligence ordinaire et qui aura cherché à se pénétrer de la doctrine exposée par nous.

On peut juger par le peu d'étendue de notre ouvrage qui cependant est un de ceux où la matière est traitée avec le plus de développement, combien il est facile d'acquérir la connaissance de la partie séméiotique de la musique; l'habileté dans l'exécution vocale ou instrumentale ne vient pas aussi vite, il s'en faut même de beaucoup, et ce n'est que par une application persévérante et une étude quotidienne que l'on peut arriver à lire sans hésiter toute pièce de musique où il ne se rencontre pas de difficultés extraordinaires; c'est ce que l'on appelle chanter *à première vue* ou *à livre ouvert*. Cette habitude de lecture musicale s'acquiert au moyen de quantité d'ouvrages composés et publiés à cet effet, et que l'on nomme solfèges. Ils sont tous bons en ce sens qu'ils offrent des suites ou recueils d'exercices élémentaires dans lesquels les circonstances et accidens de l'exécution sont prévus, ce qui n'existe pas dans les pièces d'exécution ordinaire. Deux choses sont à recommander dans le choix des solfèges, 1° se servir d'ouvrages où les leçons soient convenablement graduées, 2° s'attacher à ceux dont les chants sont d'un bon gout et d'un style élevé; c'est un moyen de se familiariser avec les bonnes phrases et les belles marches de mélodie. Une troisième recommandation à faire aux jeunes élèves, c'est lorsqu'ils solfient, de toujours chanter avec gout et âme même les leçons les plus insignifiantes et les plus nues en apparence, de ne point crier et saccader les sons musicals, mais d'émettre la voix dans une proportion convenable, et de prendre dès le commencement des études musicales l'habitude de l'expression et de la grâce sans lesquelles toute exécution vocale et instrumentale quelque exacte qu'on la suppose d'ailleurs, n'est qu'un bruit inutile, insignifiant et même fatigant.

Fin
de la
SEMEIOLOGIE.

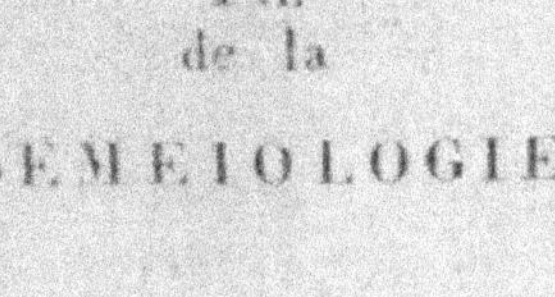

APPENDICE

Vocabulaire des expressions les plus usitées en musique servant en même tems de table alphabétique à cet ouvrage.

N.B. Tous les chiffres de renvoi indiquent non la page, mais le paragraphe numéroté de la Semeiologie.

A.

A. Indique la note *la*

A CAPPELLA. On appelle musique *a cappella* les pièces de musique d'église écrites pour les voix avec accompagnet d'orgue sans autres instrumens.

A PIACERE. (89.)

A TEMPO. (89.)

ACCENS. (93.)

ACCIDENTEL. On appelle signes *accidentels* les dièses ou les bémols qui ne font pas partie de l'armure de la clef, et se rencontrent momentanément dans une pièce de musique.

ACCOLLADE. Trait tiré de haut en bas qui unit ensemble plusieurs portées dont l'ensemble doit faire harmonie.

ACCOMPAGNEMENT. Parties secondaires composées pour soutenir une partie principale. Ce mot s'employait autrefois pour désigner la science de l'harmonie dont les premiers principes s'acquierraient par l'habitude d'accompagner au moyen d'accords plaqués une basse écrite.

Accord. Ensemble de plusieurs sons dont l'effet agréable nait soit de cet accord même, soit de celui qui le précède ou de celui qui le suit.

Accorder les instrumens, c'est regler convenablement le rapport des sons qu'ils sont susceptibles de produire.

Acoustique (1.)

Acuité, Caractère des sons aigus.

Ad lib. Abréviation de

Ad libitum. (92.)

Adagio. (90.)

Agitato. (90.)

Agremens. Voyez Broderies

Agrement. Notes d' (93.)

Air. Pièce de musique à une seule partie principale.

All? Abréviation d'

Allegro (90.)

All^tto Abréviation d'

Allegretto (90.)

Al segno. (109.)

Alla breve. (74)

Altéré. Intervalles altérés (37.)(40.)

Alto. Voix d' Voyez Contralte et Hautecontre. Ce mot désigne aussi l'inst.t qui sonne une 5.te au dessous du V.on

Andante. (90.)

Andantino. (90.)

APPOGIATURE. (101.)

ARIETTE. Diminutif d'AIR Voyez ce mot.

ARMER la clef, ARMURE de la clef (31.)

ARP. Abréviation d'

ARPÈGE. Accord dont les notes sont frappées successivement

ASSAI. (90)

B.

B. Indique la note *si*.

BARRE de mesure ou STANGUETTE (30) (73)

BARYTON. Voix intermédiaire entre la basse et le tenor.

BAS. Synonime de grave (7.)

BASSE. Partie inférieure de toute pièce à plusieurs parties.

BASSE. (Voix de) Voix grave des hommes.

*BASSE CONTRE. La plus grave de toutes les voix, laquelle ne se rencontre que dans un petit nombre d'individus.

BATTRE. ou MARQUER la mesure (71) et suiv:

BÉCARRE. (30.)

BÉMOL. (29.)

BINAIRE. (Mesure) (74)

BLANCHE. (64)

BRAVOURE. On appelle air de *bravoure* un air composé de passages brillants destinés à mettre en relief l'habileté du chanteur.

BRÈVE. (66)

BRODERIES. (105)
BRUIT. (2)

C.

C. Indique la note *ut*
C. Signe de la mesure à quatre tems.
C. Abréviation du mot *canto* ou chant.
CACOPHONIE. Union discordante de sons qui n'ont point de rapport convenable entr'eux.
CADENCE. Terminaison d'une phrase musicale sur un repos mélodique ou harmonique.
CANON. Pièce de musique dans la quelle les parties se déduisent les unes des autres d'après certaines règles.
CANTABILE. Morceau d'un mouvement lent.
CANTATE. Petit poëme dont la musique reçoit plus ou moins de développement et se rapproche plus ou moins de la musique de théatre.
CANTO. Mot italien en francais
CHANT. Le terme italien indique aussi la partie de dessus.
CAPRICE. Pièce dans la quelle le compositeur s'abandonne librement à son imagination en s'etayant toute fois de l'imagination d'autrui; de nos jours surtout où l'on ne voit que caprices sur les airs des opéras nouveaux.
CARRÉE. V. BRÈVE.
CARRÉE. Une phrase carrée est une phrase compo-

sée de quatre ou huit mesures.

CAVATINE. Air de peu d'étendue que le premier ténor ou la première femme chantent à leur entrée en scène dans la plupart des opéras modernes.

CHAPELLE. Le mot *Chapelle* indique en musique le corps des musiciens attachés à une église et dont le chef est le *Maître de chapelle*.

CHOEUR. Morceau à plusieurs parties qui peuvent être doublées, triplées, quadruplées.

CHORUS. Répétition à l'unisson de ce qui vient d'être chanté par une voix seule.

CHROMATIQUE. (Genre) (59)

CHROME. (59)

CHRONOMETRE. (91)

CLEFS. (19)

CODA, en français *queue*; on donne ce nom à l'addition faite à un morceau de quelques phrases qui en rendent la terminaison plus nerveuse et plus éclatante.

COME SOPRA. Comme ci dessus.

COMMA. (60)

COMMODO. (90)

COMPOSITION. (4)

CON BRIO. (90)

CON MOTO. (90)

CONCERTO. Pièce de grande dimension destinée à un instrument principal dont on emploie toutes les ressources. Le concerto est d'ordinaire accompagné par l'orchestre.

CONCORDANT V. BARYTON.

CONJOINT. Les degrés *conjoints* sont ceux qui se forment de diatons et semi diat

CONSONNANCE. Résultat de deux ou d'un plus grand nombre de sons qui entendus simultanément, produisent une sensation agréable.

CONTRALTE. Voix grave des femmes.

CONTREPOINT. Dans sa signification moderne ce mot indique les pièces d'études écrites en harmonie sévère sur les quelles s'exercent les élèves qui étudient la composition. On donne aussi ce nom assez mal à propos à l'harmonie simple écrite sur le plainchant.

CONTRETEMS (87)

COURONNE. Même signification que POINT D'ORGUE.

CRESC. Abréviation de

CRESCENDO. (96)

CROCHE. (64)

D.

D. Indique la note *ré*.

D.C. Abréviation de

DACAPO. (108)

DEGRÉ. (13) (33)

DEMI PAUSE (67)

DEMI SOUPIR (67)

DEMI TON ou SEMI DIATON (11) (13)

DESSUS. La plus aigue des parties vocales, chantée

par des femmes ou des enfants.

DESSUS. Voix de V. SOPRANO

DÉTACHÉ. (99)

DÉTONNER. Sortir de l'intonation.

DEUX. Mesure à (74)

DEUX QUATRE. (74)

DIAPASON. Étendue totale d'une voix ou d'un instrument. On donne le même nom à un petit instrument *monotone* sonnant le la; il y en a qui sonnent ut.

DIATONIQUE (Genre) (58)

DIÈSE. (28)

DIMINUÉ Intervalle. (40)

DIMINUENDO. (97)

DISJOINT. Les degrés *disjoints* sont ceux qui marchent par sauts.

DISSONANCE. Ce mot opposé à consonnance indique un ensemble de notes entendues simultanément et qui produisent à l'oreille un effet dur et inharmonieux.

DOLCE. (97)

DOMINANTE. (50)

DOUBLÉS Intervalles (37)

DOUBLE BARRE (106)

DOUBLE BÉMOL (32)

DOUBLE CROCHE (64)

DOUBLE DIÈSE (32)

DUETTO ou DUO. Composition musicale à deux parties obligées.

E.

E. Indique la note *mi*.

Echelle. (10) (54)

Enharmonique. (61)

Ensemble. On appelle dans la musique de théâtre *morceaux d'ensemble* toutes les pièces exécutées par plus de deux voix.

Espace. (16)

Espress. Abréviation d'

Espressivo, ou *con espressione* Avec expression.

Etude. Pièce de musique instrumentale d'une composition difficile destinée aux élèves avancés.

Exercice. Pièce du même genre que la précédente, mais d'une exécution plus facile. On trouve aussi des exercices pour les voix.

Expression. (95)

F.

F. Indique la note *fa*.

F. Abréviation de Forte.

FF. Abréviation de Fortissimo.

Fantaisie. C'était autrefois une composition dans laquelle l'Auteur s'abandonnait aux inspirations de son génie: ce n'est plus qu'une misérable paraphrase d'un air connu précédé d'une introduction et suivi d'une coda.

Fausse quinte. (38)

FAUSSET, ou FAUCET. Voix factice que se forment les hommes et au moyen de la quelle ils obtiennent un certain nombre de sons des voix feminines.

FAUX. On chante, l'on joue faux lorsque l'on entonne un son trop haut ou bas.

FIN. (108)

FINAL. Morceau d'ensemble qui termine un acte d'opera ou une simphonie.

FLEBILE. Larmoyant.

FORTE. 97

FORTISSIMO. 97

FUGUE. Piece composee en imitation périodique dans la quelle une partie *fuit* ou *chasse* l'autre.

G.

G. Indique la note *Sol*.

GAMME. (10) 43 et suiv:)

GENRES. (58 et suiv:)

GRAVE. (90)

GRAVITÉ. Caractere des sons graves.

GRAZZIOSO. Gracieux.

GRUPPETTO. (102)

GUIDON. (110)

H.

HARMONIE. (4)

HAUTE CONTRE. Voix d'un ténor très étendue vers l'aigu.

I.

Imitation. Passage quelconque reproduit par une autre partie avec ou sans modification. L'*imitation continue*, c'est-à-dire celle où un morceau se trouve reproduit dans une autre partie depuis le commencement jusqu'a la fin s'appelle *Canon*; *L'imitation périodique*, c'est-à-dire celle qui consiste à prendre et quitter les phrases du morceau, à les restreindre, à les developper, constitue la fugue.

Intensité. (5) (93)

Intervalle. (34 et suiv.)

Intonation. Action d'entonner c'est-à-dire de commencer et continuer un morceau de musique.

Introduction. Dans la musique théatrale, c'est le premier morceau de la pièce entendu après l'ouverture et qui en tient lieu quelque fois.

L.

Lamentabile. Lamentable.

Larghetto. (90)

Largo. (90)

Liaison. (87)

Lié. (98)

Ligne. (16)

M.

Majeur. (Mode) (44)

N.

Noire. (64)

Note sensible. (50)

Notes. (7 et suiv.)

O.

Obligé. On appelle partie *obligée* celle que l'on ne pourrait retrancher sans détruire l'effet d'une composition.

Octave. (38)

Oratorio. Drame musical en langue vulgaire mais sur un sujet religieux.

Ouverture. Symphonie qui sert de début aux opéras et aux ballets.

P.

P. Abréviation de piano.

PP. Abréviation de Pianissimo.

Partie. Lorsque la musique doit être exécutée par plus d'une voix ou plus d'un instrument, si ces voix ou instrumens ne sont pas à l'unisson, chacun fait une des *parties*. On donne aussi ce nom aux diverses portions d'une composition.

Partition. Réunion de toutes les parties d'un morceau alignées au dessous les unes des autres en telle sorte que l'œil saisisse à l'instant l'harmonie qu'elles forment entr'elles.

Pause. (67)

Pédale. Note tenue dans la basse sur laquelle se

meuvent les autres. Voyez TASTO SOLO.

PARTIES. On nomme ainsi les diverses suites particulière de sons dont l'ensemble forme harmonie.

PERDENDOSI (97)

PIANO. (97)

PIANISSIMO. (97)

PIQUÉ. Voyez DÉTACHÉ.

PLAIN-CHANT. Chant composé de notes d'égales durées, sauf les accidens de prononciation et qui est en usage dans l'église catholique.

POÇO A POCO Peu à peu.

POINT. (69)

POINT D'ARRET ou

POINT D'ORGUE. (92)

POLACCA, ou POLONAISE. Dans l'origine c'était l'air d'une danse à trois tems usitée en Pologue; maintenant on emploie souvent une forme analogue dans la musique instrumentale et quelque fois dans la musique vocale; la Polonaise se traite alors en roúdeau.

PORT DE VOIX. (100)

PORTÉE. (16)

POT POURRI. Suite d'airs de divers caractères cousus ensemble et s'enchainant ainsi pour former un tout.

PRÉLUDE. Petit morceau que l'exécutant improvise comme pour annoncer dans quel ton il va jouer.

PRESTISSIMO. (90)

PRESTO. (90)

PRINCIPAL. L'instrument principal est celui qui concerte tandisque les autres jouent des parties d'accompagnement.

Q.

QUADRUPLE CROCHE. (64)

QUART DE SOUPIR. (67)

QUART DE TON Quelquefois on donne ce nom au comma.

QUARTE. (58)

QUARTETTO ou QUATUOR. Voyez ci dessous.

QUATERNAIRE (Mesure.) (78)

QUATUOR. Morceau de musique à quatre voix ou quatre instrumens obligés.

QUEUE. Trait ajouté aux notes pour en déterminer la valeur.

QUINQUE, ou

QUINTETTO. Morceau de musique à cinq voix ou à cinq instrumens obligés.

R.

RÉCIT. Partie d'un morceau chantée par une voix seule.

RÉCITATIF. Déclamation chantée.

REDOUBLÉ. (Intervalle) (37)

RELATIF. (Mode) (55)

RENVOI. (109)

REPRISE. Points de (107)

RHYTHME. V. Mesure.

RINF. Abréviation de
RINFORZANDO: (97)
RITARD. Abréviation de
RITARDANDO. En retardant le mouvement.
RITOURNELLE. Trait de l'orchestre ou de l'instrument d'accompagnement qui précède l'entrée de la voix ou de l'instrument recitant et annonce dans quel mode il va jouer.
ROMANCE. Air fort simple divisé en couplets pour chacun des quels on répète ordinairement la musique du premier.
RONDE. (64)
RONDEAU. Air dans le quel on répète trois fois un motif entendu dès le commencement de la composition. Les rondeaux s'écrivent pour les voix et pour les instrumens.
ROULADE. Suite de notes diatoniques ou chromatiques qui doivent être exécutées avec rapidité et d'un seul coup de gosier dans le chant, d'un seul coup d'archet sur les instrumens qui en font usage, et d'une seule haleine sur les instrumens à vent.

S.

SAUT. On appelle saut l'action de passer d'une note à une autre par degrés disjoints.
SCHERZANDO. En badinant.
SECONDE. (38)

SEMIBRÈVE. (66)

SEMPLICE. Simple.

SEMPRE. (97)

SENSIBLE. (50)

SEPTIÈME. (38)

SOLO. Mot italien qui signifie *Seul* et qui annonce qu'un passage principal doit être chanté ou joué par une seule voix ou un seul instrument.

SEPTUOR. Composition à sept parties obligées

SEXTUOR. Composition à six parties obligées.

SFORZ. ou abréviation de

SFORZANDO. (97)

SIGNES d'intonation. (7 et suiv:)

SIGNES de durée. (63 et suiv:)

SIGNES d'expression. (93 et suiv:)

SIGNES de convention. (106 et suiv:)

SILENCES. (67 et suiv:)

SIMILI Mot qui à la suite d'un arpège ou d'une batterie indique que l'on doit continuer de la même manière.

SIMPLE, (musique) Musique peu chargée de notes.

SIXTE. (38)

SMORZ. abréviation de

SMORZANDO. (97)

SOLFÈGE. Ce mot signifie également une leçon destinée à être solfiée et le livre qui contient un recueil de ces leçons.

SOLFIER. Chanter en nommant les notes.

SOLMISATION. Art de solfier.

SOLMISER V. Solfier.

SOLO. Morceau ou trait qui se chante par une seule voix ou se joue par un seul instrument.

SONATE. Pièce de musique instrumentale composée de trois ou quatre morceaux consécutifs de caractères différens.

SOPRA *Come sopra*, Comme ci-dessus.

SOPRANO. Voix aigue des femmes également appelée *Dessus*.

SOSTENUTO. (90)

SOTTO VOCE. Sous la voix.

SOUPIR. (67)

SOUS DOMINANTE. (50)

SPIRITOSO. (90)

STANGUETTE ou STANGHETTA. (30) (73)

STRETTE. On appelle Strette dans une fugue la partie de la composition dans laquelle le musicien rapproche, resserre divers fragmens du sujet. La strette se termine d'ordinaire par un canon.

STRETTO. Serré.

SUJET. Même signification que *Motif*.

T.

TACET. (68)

Taille. Nom générique des voix d'hommes le mot *tenor* est aujourd'hui plus en usage et désigne la voix aigue des hommes, comme celui de basse désigne leur voix grave.

Tasto solo. Note tenue dans une des parties et sur la quelle les autres travaillent.

Temps (72)

Ten. abréviation de

Tenuto. Ce mot indique que les notes doivent être *tenues* tout le tems de leur valeur.

Tenor. V. taille.

Tenue. Une *tenue* est une note qui se prolonge souvent pendant plusieurs mesures tandisque d'autres parties font un nombre de notes plus ou moins considérable.

Ternaire. (mesure) (76)

Terzetto V. trio.

Tetracorde (14)

Theme. Même signification que motif.

Tierce. (38)

Timbre. (5)

Ton. (5)

Tonique. (50)

Trait. Passage destiné à être executé par une voix ou un instrument.

Transposer. C'est changer la position d'un morceau de musique en assignant pour tonique une note qui n'est pas celle que le compositeur avait écrite.

TREMOLO. (111)

TRIL ou TRILLE. (103)

TRIO. Morceau de musique vocale ou instrumentale à trois parties.

TRIOLET. (83 et suiv:)

TRITON. (38)

TUTTI. Ce mot sur les parties indique le moment où tous les instrumens ou toutes les voix du chœur font une rentrée après un solo.

U.

UNISSON ou UNITON. (38)

V.

VOCALISER. Chanter sur une voyelle, ordinairement sur *a*

VOLTA. Lorsqu'avant des points de reprise on voit sur une partie les mots *prima volta* le passage au dessus du quel se trouvent ces mots doit être sauté à la seconde fois marquée *seconda volta*.

V. S. abréviation de

VOLTI SUBITO. Ces deux mots écrits au bas d'une page indiquent qu'il faut tourner vivement la feuille, le morceau n'étant pas terminé.

W. Cette double lettre indique dans les partitions la réunion des parties de Violon.

Fin du Vocabulaire.

TABLE

DES CHAPITRES.

PREMIÈRE SECTION. Signes d'Intonation.

DEUXIÈME SECTION. Signes de Durée.

TROISIÈME SECTION. Signes d'Expression.

QUATRIÈME SECTION. Signes de Convention.

D.O.M.

BONARUM ARTIUM.

CONDITORI ET SERVATORI

OMNE PER AEVUM

GLORIA.

AUTRES OUVRAGES
de
L'Auteur.

J. ADRIANI DE LA FAGE, MOTETORUM. LIBER PRIMUS.
Ce premier livre contient, en huit livraisons, soixante-douze Motets offrant particulièrement les Prières du Salut, qui peuvent se chanter en musique sans aucun inconvénient. Ces Prières, écrites dans un style simple et facile, ont été adoptées par toutes celles des églises de la capitale où l'on fait de la musique. Le prix est de 3.fr. par livraison.

OFFICE DES MORTS, ARRANGÉ EN CHANT SUR LE LIVRE, PAR J. ADRIEN DE LA FAGE. Ce Recueil contient les Antiennes de Vêpres; les 3e 6e et 9e Répons des Vigiles; les différentes Messes avec les Répons des absoutes; enfin des récits et faux bourdons pour la prose Dies iræ, le Psaume De Profundis et divers Motets d'élévation; Prix 12fr.

ORDINAIRE DE L'OFFICE DIVIN, ARRANGÉ EN CHANT SUR LE LIVRE PAR DIVERS AUTEURS; PUBLIÉ PAR LE MÊME.
Cet ouvrage est formé de deux parties; l'une pour le matin l'autre pour l'après-midi. La première contient deux séries de Messes des différens rites, depuis les solennels majeurs jusqu'aux simples, sept livraisons; la seconde se compose des quatre Antiennes à la Vierge, et de toutes les prières du Salut, six livraisons: en tout treize livraisons de 24 à 32 pages. Prix de chaque livraison: 3 fr.

CANTIQUES RELIGIEUX ET MORAUX, A TROIS ET QUATRE VOIX, mis en musique par le même. Un volume de 150 pages format nom de Jésus, Prix 24 fr.

Cet ouvrage se divise en six livraisons, que l'on peut se procurer séparément au prix de 4 fr. Le plus grand nombre des morceaux qui le composent se chante habituellement dans les Catéchismes et Confréries du Diocèse de Paris et de plusieurs autres.

CENT CHANSONS MORALES A DEUX VOIX, à l'usage des écoles; par le même. Première livraison, 3 fr.

Ce recueil, convenable aux écoles de tous les degrés, formera cinq livraisons.

CINQ MESSES très faciles à deux, trois ou quatre voix à volonté; Prix 18 fr. et avec les parties ajoutées, 24 fr. Chaque messe séparée 3 fr. 50 c.
Ces messes n'ont point été réduites mais originairement composées pour deux voix. Elles sont par elles-mêmes d'un bon effet, et acquièrent beaucoup plus de brillant par l'addition des parties qui en complètent l'harmonie.
DIVERS MOTETS et CANTIQUES séparés qui ne font pas partie des précédents recueils.

J. ADRIANI DE LA FAGE PSALMI VESPERTINI. Ce Recueil contient les Psaumes de Vêpres de toute l'année mis en musique à quatre parties. deux ténors ou deux dessus et deux basses. Ces Psaumes peuvent être chantés comme Motets.

J. ADRIANI DE LA FAGE MOTETORUM LIBER SECUNDUS.

Ce second livre se compose de quarante motets à une ou plusieurs parties avec accompagnement d'Orgue. Il forme sept livraisons de 30 à 36 planches chacune. Prix marqué 9f.

N.B. Tous ces ouvrages se trouvent à Paris au Magazin de musique d'Eglise et d'éducation musicale de NICOL. CHORON et CANAUX, Boulevard St. Denis No. 14.

www.ingramcontent.com/pod-product-compliance
Ingram Content Group UK Ltd.
Pitfield, Milton Keynes, MK11 3LW, UK
UKHW020304180726
13839UKWH00001B/365